NF文庫
ノンフィクション

WWII 悲劇の艦艇

過失と怠慢と予期せぬ状況がもたらした惨劇

大内建二

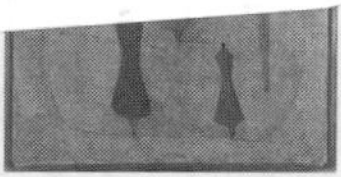

潮書房光人社

まえがき

戦闘と悲劇はつねに表裏一体の関係にあり、海軍艦艇もその例外ではない。戦闘状態にある艦艇はつねに敵の攻撃に対し警戒を怠ることはできず、乗組員はつねに緊張の中で過ごさなければならない。

第一次大戦と第二次大戦における海軍艦艇の被害を比較した場合、そこには大きな違いが存在していることに気が付かれよう。第二次大戦の艦艇の被害の多くを占めたのが、第一次大戦中にはほとんど皆無に等しかった航空機の攻撃による被害である。航空機は大戦間のわずか二一年の間に、想像外の格段の発達をしていたのだ。航空機は爆弾と魚雷を搭載し縦横無尽に艦艇を攻撃することが可能になったのである。

第二次大戦勃発当時、世界の海軍の多くはまだ大艦巨砲主義の思想に浸っていたことは、まぎれもない事実であった。しかしこの「妄想」を微塵に打ち砕いたのが日本海軍の航空母艦を集団で運用する、いわゆる空母機動部隊の発想であった。

第二次大戦の五年八ヵ月の間に生じた世界の海軍の艦艇の損害を眺めると、前半は艦艇同士の戦闘による損害、後半は航空攻撃による艦艇の損害へと明確に移行しているのだ。しかも航空攻撃の被害の中には想定外の悲劇を生むことが多々生じたのである。

今一つ、第二次大戦の艦艇船の損害の中で特徴的なのは潜水艦の雷撃による損害である。第一次大戦時の潜水艦はまだ発達途上の艦艇で、その攻撃目標も弱体な商船に限定されていた気配がある。

第二次大戦に突入する頃からの潜水艦の発達は急速であった。潜水艦の活躍は潜水艦の主力兵器である魚雷の発達により、その攻撃威力は倍増した。

潜水艦の発達、航空機の発達にともない、その攻撃方法も巧妙化し、かつての命中確立の少ない砲撃戦の展開で起きる悲劇とは、比較にならないほど多くの悲劇が生まれることになったのである。

本書では第二次大戦中の日本、アメリカ、イギリス、ドイツ、イタリアの各海軍艦艇の戦闘の中で生まれた、兵器の発達にともなう思わぬ悲劇や必然的な悲劇について、興味深い事例を紹介してある。艦艇の戦いの一つの見方としてご覧いただきたい。

WWⅡ 悲劇の艦艇——目次

〈アメリカ海軍〉

WWII 悲劇の艦艇

――過失と怠慢と予期せぬ状況がもたらした惨劇

日本海軍

陸上砲台に沈められた掃海艇一三号・一四号

——想定外の攻撃に対応できず緒戦に無念の撃沈

日本海軍は大正九年（一九二〇年）に、今後の海上戦術において機雷戦の展開を計ると同時に正規の掃海艇の建造計画を打ち出し、以後太平洋戦争の終結時点までに合計三五隻の掃海艇を建造した。日本海軍初の正規掃海艇は第一号掃海艇として大正十二年（一九二三年）に完成し、その後五隻が追加建造された。そして以後この一号掃海艇型を含め四型式の掃海艇が建造されている。

第一号型掃海艇は未経験な中での設計であったために以後の運用の上で多くの改良点が指摘され、改良型掃海艇として完成したのが次のタイプの第一三号型掃海艇であった。本掃海艇は昭和八年（一九三三年）の第一三号から昭和十一年の第一八号艇まで六隻が完成している。

第一三号掃海艇の基本要目は次のとおりである。

基準排水量　五二五トン
全長　七四・〇メートル
全幅　八・二メートル
主機関　三衡程レシプロ機関二基
最大出力　三二〇〇馬力（合計）
最高速力　二〇・〇ノット（二軸推進）
武装　四五口径三年式一二センチ単装砲二門
　一三ミリ単装機銃二梃
　片舷式爆雷投射器二基、爆雷投下台四基、爆雷三六個
　大掃海具二組

本掃海艇は小型ながらその外観は一見、駆逐艦を思わせるスマートな姿をしていた。

太平洋戦争勃発直後の昭和十七年一月十一日、日本陸軍と日本海軍特別陸戦隊は、ボルネオ島の北東部に位置するタラカン島侵攻作戦を展開した。

ボルネオ島は日本の本州の三・四倍の面積を持つ世界第三番目に大きな島で、同島の東南部に位置するバリックパパンや北西部のミリ（現ブルネイ国）、そしてタラカン島周辺は大油田地帯で、これらの油田地帯はオランダのロイヤル・ダッチ・シェル社の支配下にあり、オランダ領東インド（通称、蘭印と呼ばれた）のオランダ軍により警備されていた。

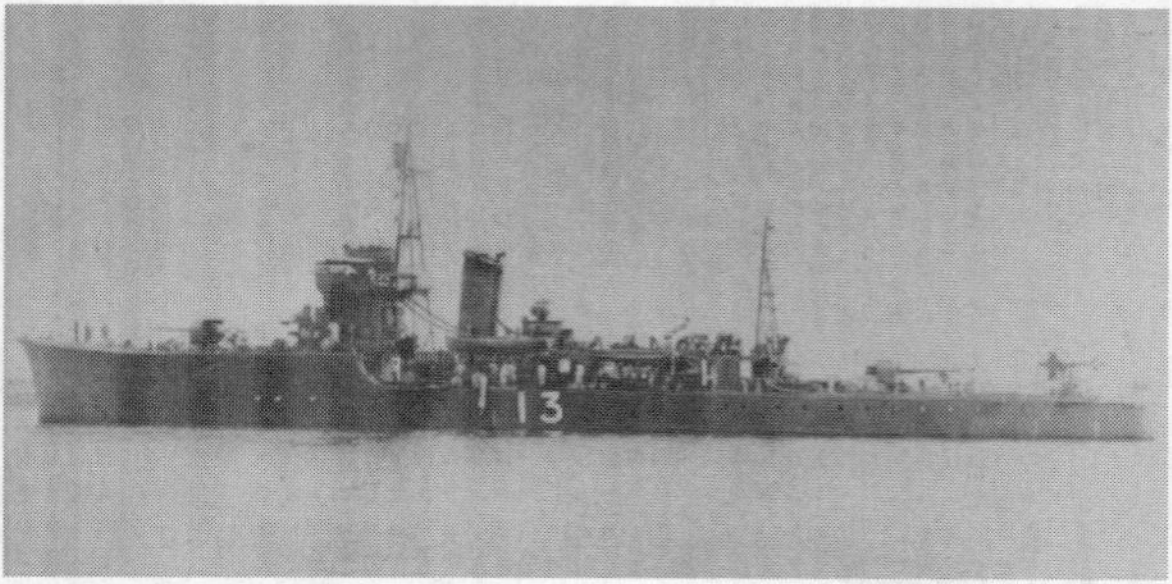
掃海艇第13号

日本軍は南方侵攻作戦の最優先占領地域としてこれら油田地帯を選定していた（スマトラ島のパレンバンも同じであった）。

タラカン島は周辺の油田地帯の中核的な位置にあり、油田掘削事業所や大規模な精油施設も置かれていた。同島のオランダ軍守備隊の実態については不明な点が多かったが、日本軍はここを陸軍の混成二個大隊と海軍特別陸戦隊一個大隊の合計三九〇〇名の兵力で攻略する計画であった。そしてこれら三個大隊の兵力は、各種装備品や武器・弾薬、そして糧秣などとともに一四隻の輸送船でタラカン島に接近していた。

上陸は昭和十七年一月十二日早朝に開始された。上陸部隊の主力は四〇隻の上陸用舟艇（大発）に乗艇し、タラカン島の東海岸から上陸を開始した。しかしオランダ軍側の抵抗は比較的軽微で、第一の占領目的である精油施設は早々と確保することができた。

ただ一方の補給物資の揚陸は東側の海岸からでは容易ではないことが予想され、当初より島の南西側の海岸から行なう予定になっていた。しかし事前の情報によれば、島の南端か

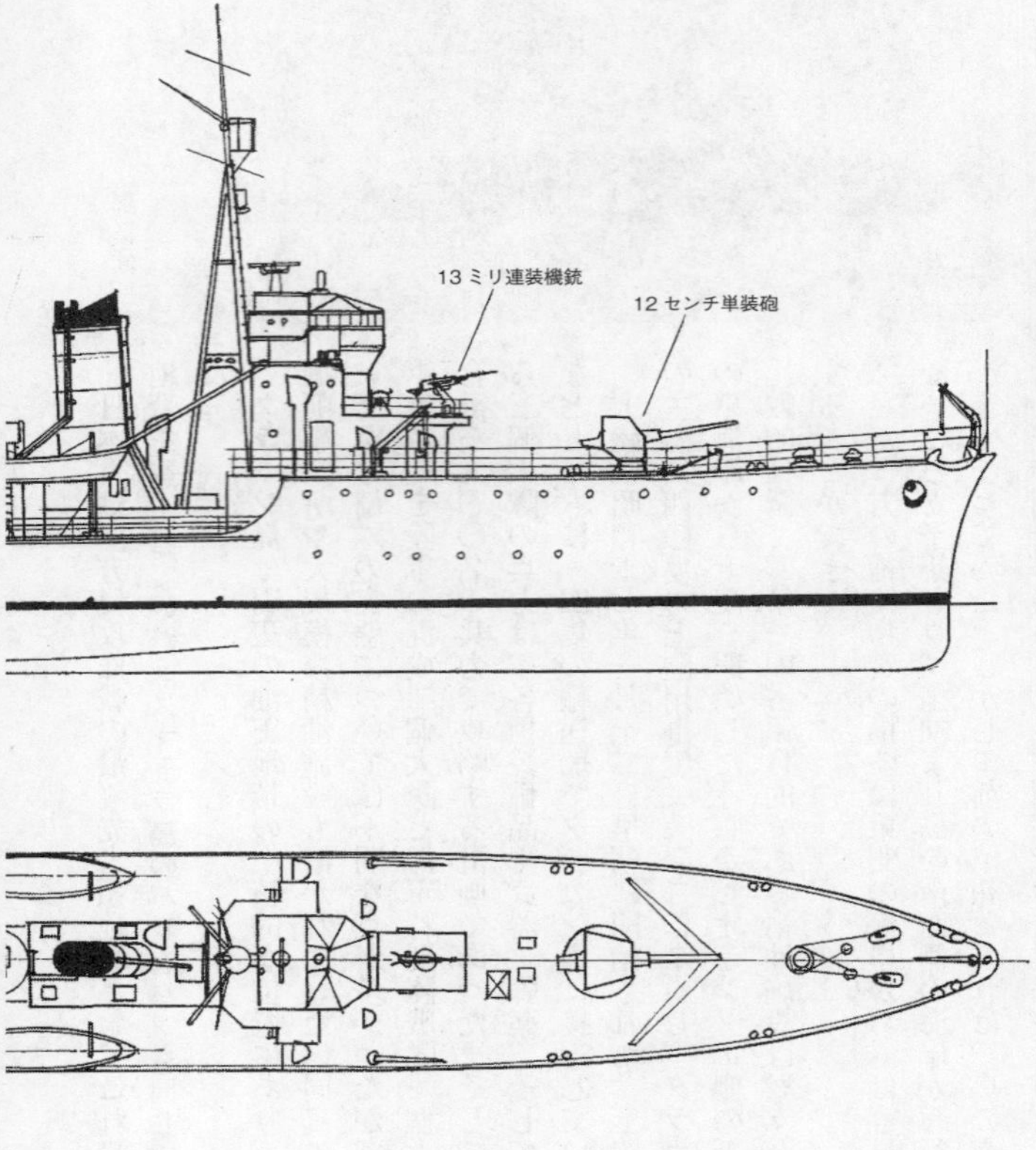
13ミリ連装機銃
12センチ単装砲

第１図　掃海艇第13号

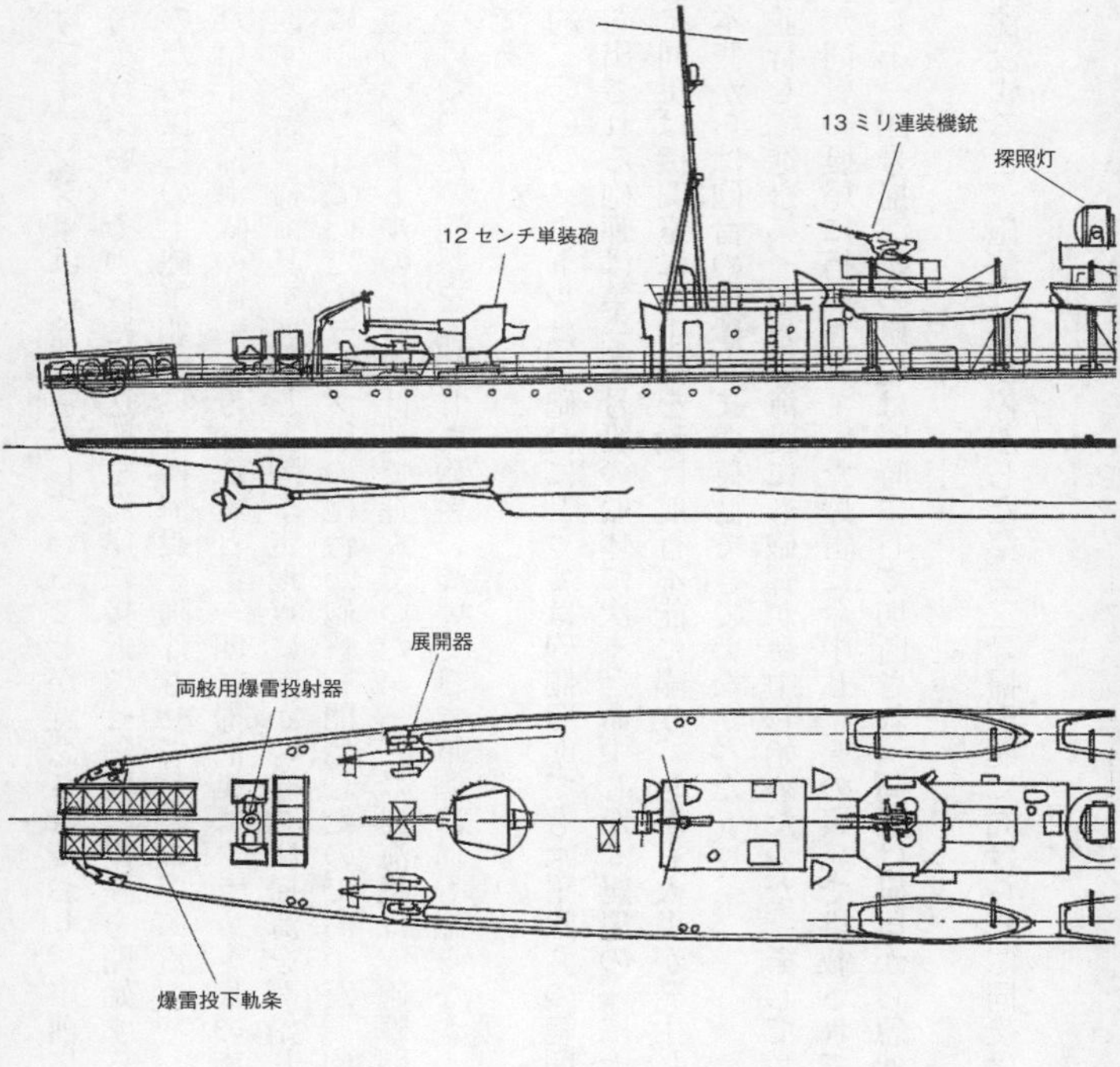

ら南西海岸一帯にかけてオランダ軍は機雷を敷設していることが懸念されており、事前に掃海艇により機雷の掃海を行ない、その後に輸送船を海岸に接近させ物資の揚陸を開始する予定になっていた。そのためにこの上陸軍船団には掃海艇を随伴させていたのである。

船団に随伴して来た第十一掃海隊の第一三号掃海艇と第一四号掃海艇はタラカン島の南東に突き出した岬を迂回すると、掃海具を展開し上陸予定地点に向かい直ちに掃海を開始した。

そのとき突然、岬に隠蔽されていたオランダ軍の砲台が砲撃を開始したのであった。砲台からの距離わずか二〇〇〇メートルの位置を低速で進んでいた第一三号掃海艇は、砲撃開始の初弾から命中弾を受けたのだ。砲撃を開始した砲台について日本軍側は何も知らなかった。まったくの不意打ちであった。

掃海艇までの距離約二〇〇〇メートルは、砲台にとっては砲側照準でも水平撃ちの範囲内であり、連続して撃ち出される砲弾は第一三号艇の船体に次々と命中した。艇尾の一二センチ砲で反撃する以前に同艇は機関室に命中弾を受け航行不能に陥り、しかも火災が発生していた。この時点で日本側からは砲台の位置がまだ確認できていなかった。

その直後、今度は並行して進む第一四号掃海艇にも砲弾が命中し始めたのだ。そして数発目に発射された砲弾が同艇の艇尾に搭載されていた爆雷に命中し、その爆発で搭載されていた爆雷が一気に誘爆し第一四号掃海艇の艇尾は瞬時にして切断され、同艇は艇尾から急速に沈み始めたのである。

第一四号掃海艇が沈没すると、砲撃は再び停船した第一三号掃海艇に向けられ、同艇は吃水線付近にできた多数の損傷跡から浸水が始まり、同艇はたちまち転覆し沈没したのであった。

予想もしていなかった突然の砲撃の前に、何ら反撃もとれないままに二隻の掃海艇は簡単に撃沈されてしまったのだ。日本軍側にとっては青天の霹靂ともいえる反撃を受けたことになった。

第2図　タラカン島侵攻概念図

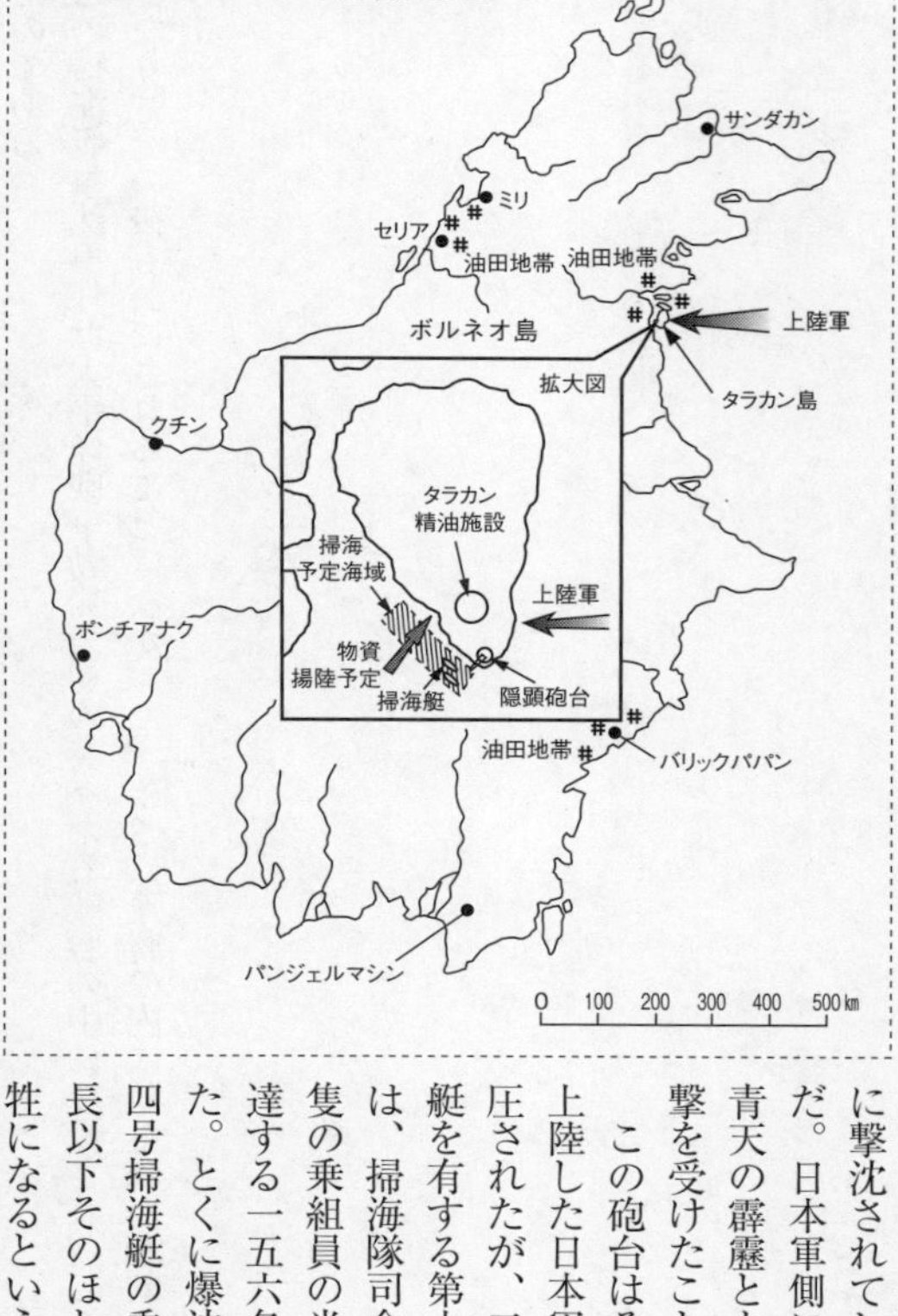

この砲台はその直後に上陸した日本軍により制圧されたが、二隻の掃海艇を有する第十一掃海隊は、掃海隊司令を含め二隻の乗組員の半数以上に達する一五六名が戦死した。とくに爆沈した第一四号掃海艇の乗組員は艇長以下そのほとんどが犠牲になるという惨事とな

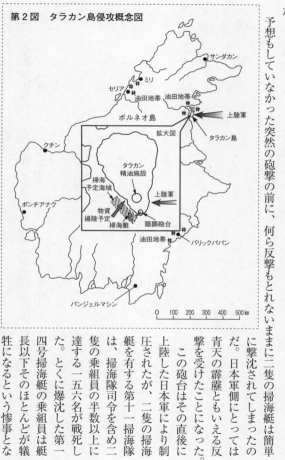

ったのである。

この掃海艇撃沈事件は太平洋戦争勃発当初の赫々たる戦勝の中に埋没され、しかも秘匿扱いとなり、その後も公にされることはなかった。まさに連勝の内に隠された悲劇となったのである。

呂六一潜水艦、北洋に沈む

――知られざる旧式呂号潜水艦の戦い

日本海軍の潜水艦の歴史において呂号六〇級潜水艦の存在を欠かすことはできない。一九二〇年代当時、世界の最も優れた潜水艦としてイギリスのヴィッカース・アームストロング社設計・建造の、通称ヴィッカース型潜水艦がある。このヴィッカース型潜水艦の基本形状や特徴を取り入れた日本の新しい潜水艦が呂号六〇級（L四型）潜水艦であった。

当時、ドイツを除く列強海軍が整備した潜水艦の多くは、このヴィッカース型潜水艦であった。本艦の特徴は船体形状が水上航行中の耐波性と凌波性の向上を図るために、艦首や船体断面形状などに多くの改良が施されていた。

呂号六〇級潜水艦の魚雷発射管は従来の四門から五三センチ発射管六門に増やされ、搭載魚雷も一二本に強化された。但し安全潜航深度は六〇メートルとなっており、当時建造が開始されたばかりのより大型の伊号潜水艦の八〇～九〇メートルよりは劣っていた。

呂号六〇級潜水艦は合計九隻が建造された。起工は大正十年（一九二一年）から大正十三年にかけて三菱神戸造船所で行なわれ、竣工は大正十二年から大正十五年にかけてであった。本級艦は、その形状においても日本海軍潜水艦の新旧入れ替わりの過渡期の潜水艦といえる。なおこの呂号六〇級潜水艦は太平洋戦争で六隻が沈没し、三隻が終戦時に残存している。

太平洋戦争勃発当時、呂号六〇級潜水艦の中の七隻は第七潜水戦隊の第二十六および第三十三潜水隊を形成していた。そしてこれら潜水隊はウエーキ島攻略作戦に参加し、その後は遠洋作戦ではなくマーシャル諸島方面の防備に配置されていた。

ここで呂号六〇級潜水艦の基本要目を次に示す。

基準排水量	九八八トン
全長	七六・二メートル
全幅	七・四メートル
主機関	ヴィッカース製ディーゼル機関二基 （水中推進時：蓄電池）
最大出力	合計二四〇〇馬力 （水中：電動機二基　最大出力一六〇〇馬力）
最高速力	水上一五・七ノット 水中八・六ノット
最大安全深度	六〇メートル

武装　五三センチ魚雷発射管六門（搭載魚雷一二本）
　　　八センチ単装砲一門

昭和十七年（一九四二年）六月に、日本海軍陸戦隊はアリューシャン列島の中間に位置するアッツ島とキスカ島の両島を占領した。キスカ島はアッツ島の東に位置し、米軍のアラスカの拠点であるダッチハーバーの西方約一二〇〇キロに位置していた。

キスカ島には占領と同時に特設水上機母艦により水上偵察機（零式三座水上偵察機）と水上戦闘機（二式水上戦闘機）が運び込まれ、同島南部海岸に水上機基地を設置し、ただちに周辺海域の哨戒飛行が展開された。さらに千島列島のパラムシル島の拠点に第二十六潜水隊と第三十三潜水隊が配置され、アリューシャン列島方面の防備と哨戒が展開されたのである。

このとき第二十六潜水隊には呂六一をはじめ四隻の呂号六〇級潜水艦が配置され、第三十三潜水隊にも呂号六〇級潜水艦三隻が配置されていた。

日本のアッツ、キスカ両島の占領は米軍には寝耳に水の驚愕の出来事であり、米海軍は巡洋艦五隻と駆逐艦四隻からなる任務部隊を編成し、八月七日に両島に対する艦砲射撃による反撃を展開した。しかし日本側潜水艦の攻撃を恐れ、この艦砲射撃は徹底さを欠き、艦隊は間もなく引き揚げていったのだ。

当時両島周辺海域で哨戒活動を展開していた第二十六と第三十三潜水隊の一部の潜水艦は敵艦隊の追撃を展開したが、低速の呂号潜水艦は敵艦隊を追い求めることができず、むなしく途中から戻ってきたのであった。

この出来事と相前後して、米軍の陸軍部隊がキスカ島の東約六八〇キロに位置するアトカ島に上陸し拠点を築き始めたのであった。そしてこれに合わせて当面の航空戦力を確保するために、水上機母艦一隻を同島のナザン湾に送り込み、数機の飛行艇の母艦として活動することになったのであった。この水上機母艦は基準排水量一七六六トンのバーネット級水上機母艦の一隻カスコであった。

そして八月二十八日、キスカ島配置の一機の水上偵察機がアトカ島偵察の際にナザン湾に停泊する水上機母艦一隻を発見したのであった。このときナザン湾には水上機母艦バーネットの他に掃海艇一隻が配置されていた。

水上偵察機はこの二隻を発見し、「巡洋艦一隻、駆逐艦一隻が湾内に停泊」とキスカ島の司令部に報告したのであった。この報告を受けた司令部は呂六一潜水艦に対し、ただちにアトカ島に向かわせ、ナザン湾に侵入し当該巡洋艦を攻撃することを命じたのであった。そしてさらに呂六二と呂六四の両潜水艦もアトカ島に向かわせたが、この二隻はナザン湾周辺で待機し、ナザン湾から巡洋艦が脱出した場合には攻撃せよ、と命じられたのである。

呂六一潜水艦は八月三十一日の日没を待ってナザン湾に侵入した。同潜水艦は直ちに湾の奥に停泊する「巡洋艦」らしき艦影に向けて魚雷二本を発射した。このとき発射された魚雷は当時使用の最新型魚雷ではなく、威力に欠ける一時代前の魚雷であった。そしてその魚雷の一本は目標を外れ海岸に打ち上がってしまったが、残りの一本は目標の船体中央部水面下

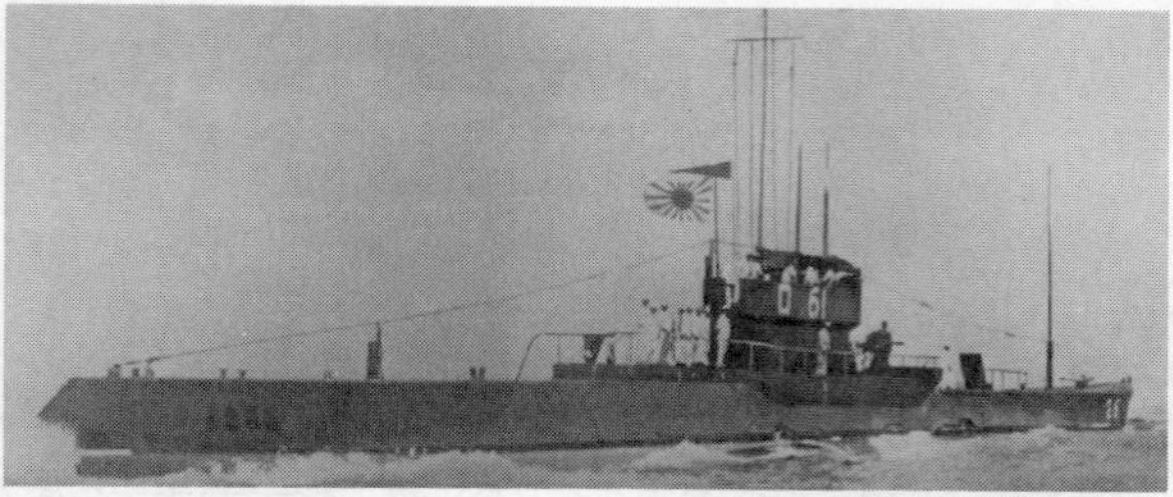
呂61号

に命中し、見事に爆発したのだ。

このとき潜航中の呂六一潜水艦では魚雷一本の命中・爆発音を確認している。

この魚雷が命中した「巡洋艦」らしき艦影はバーネット級水上機母艦のカスコであった。魚雷はカスコの機関室の舷側を破壊し大量の海水が機関室内に侵入した。このためにカスコの一基の主機関は運転不能になり残る一基を駆動させ、艦の沈没を防ぐためにかろうじて海岸に擱座させることに成功した。

この米艦艇一隻撃破という戦果は、太平洋戦争中に旧式呂号潜水艦が挙げた唯一の戦果となったのである（水上機母艦カスコはその後浮上に成功し、修理の後再び戦場に復帰している）。

水上機母艦カスコの損傷は在アラスカ米軍守備隊に大きな衝撃を与えることになった。アトカ島に配置された飛行艇三機（コンソリデーテッドＰＢＹ）は、翌朝周辺海域の探査に飛び立った。そしてその一機が浅い潜水深度で潜航中の正体不明の潜水艦を発見した。その哨戒飛行艇ではこの潜水艦がカスコに打撃を与えた潜水艦に間違いないと判断し、ただちに搭載した対潜爆弾をその目標に向けて投下した。この攻撃でその潜水艦は損傷したらしく、

第3図　アリューシャン列島図

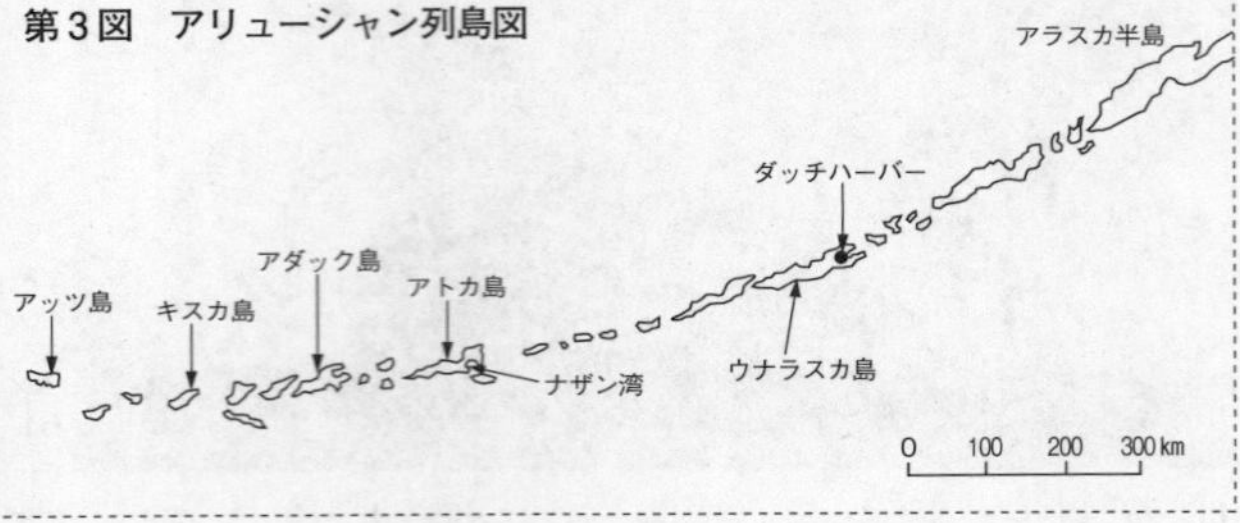

大量の重油が船体から流れ出すのが確認されたのだ。

哨戒飛行艇は付近の海域に出撃していた駆逐艦を、潜水艦が潜伏していると思われる海域に誘導したのだ。駆逐艦はソナーと聴音器で敵潜水艦の探索を展開した結果、聴音器で潜水艦のスクリュー音らしき音源を探知、すぐに爆雷攻撃を展開した。

その後に続く激しい爆雷攻撃により呂六一潜水艦の艦内の電気設備や機関装置に損害が生じ、有毒ガスの発生もあり艦はついに浮上することになったのであった。そして浮上と同時に艦前部に装備された八センチ砲で駆逐艦砲撃を開始しようとしたが、米駆逐艦からの激しい銃撃と砲撃で呂六一号の甲板上に飛び出した乗組員は次々に倒されていったのであった。そして駆逐艦からの一二・七センチ砲の砲撃で、呂六一の船体には多数の破口が開き、そこからの浸水で呂六一潜水艦は沈没した。

このとき呂六一潜水艦には五九名の乗組員が乗艦していたが、わずか五名が米駆逐艦に救助され、他の乗員は艦とともに北洋の海に沈んだのである。これら呂六一潜水艦の行動や戦闘状況については、救助された乗組員の証言によって戦後初めて明らかになったのである。

救助された五名の乗組員については後日談がある。彼らは米軍の捕虜となり米国内の捕虜収容所に収容されたが、その中の一人の上等兵曹が脱出を企て、看守に射殺されたのだ。彼はその地に埋葬されたが、数十年経過したときにこの事件が公表され、彼の遺骨は昭和六十一年（一九八六年）に日本に送り返されたのだ。沈没後、じつに四四年目の帰国となったのであった。

特設運送船龍田丸の轟沈

——乗船者一四八一名、一瞬にして全員姿を消す

日本海軍は太平洋戦争中に多くの民間商船や漁船などを徴用し、不足する艦艇の代役として臨時の艦艇、つまり「特設軍艦や特設特務艇あるいは特設運送船」を準備した。この特設の軍艦や特務艦艇船は多種類にのぼったが、戦争勃発時点で準備されたこれら特設艦艇船の総数は合計八二四隻に達し、その後、戦争終結までにはさらに多数の商船や漁船が新たに徴用され、特設艦艇や特設特務船などとして運用された。

この対象となった船は大型の客船や貨客船、あるいは貨物船や油槽船ばかりでなく、多数の遠洋漁船や捕鯨船などであった。そしてこれら徴用された商船や漁船は、改造されて特設航空母艦や特設巡洋艦・砲艦、さらに特設駆潜艇や特設監視艇などとして運用されたのである。

これらの徴用特設艦艇船で、戦争の全期間を通じ合計二四二隻の大型や中型の商船が、特設運送船（雑役）として大きな活躍をしたのであった。

日本海軍で様々な物資を輸送する艦船には、一等および二等輸送艦、航空機運搬艦、給油艦、給糧艦などがあるが、それらの中に海軍の作戦遂行上に必要な様々な物資や人員を輸送することを任務とする、特設運送船（雑役）がある。雑役任務のこれら運送船はあらゆるものの輸送を任務とする船で、海軍の侵攻作戦にはなくてはならない存在の船なのである。この特設運送船（雑役）はれっきとした海軍の艦船であり、主に大型客船や大型貨客船、そして最も多く在籍したのが大型の高速優秀貨物船であった。

昭和四年（一九二九年）から翌年にかけて、日本最大の海運会社である日本郵船社は北米西岸航路用の大型客船三隻（浅間丸、龍田丸、鎌倉丸）を建造した。これら三隻はいずれも総トン数一万七〇〇〇トン級で最高速力二一ノットを出す、まさに北太平洋航路の女王にふさわしい客船であった。

しかし戦時色が濃くなりだした昭和十三年頃、日本海軍はこの三隻を有事には特設航空母艦として改造することの検討を始め、具体的な改造設計図も完成させていた。しかしこの三隻の客船を航空母艦に改造するには船内構造や配置が複雑であり、改造に多くの手間がかかることや航空母艦としては速力が遅いことなどから、この三隻の客船の特設航空母艦への改造は見送られることになったのであった。

そして太平洋戦争の勃発と同時にこの三隻は、海軍に特設運送船（雑役）として徴用されることになった。海軍のこれら三隻に期待する任務は、南方へ進出する特別根拠地隊の陸戦隊隊員や海軍航空隊の要員、その必要物資（武器弾薬、糧秣、各種装備品や部材等）の輸送

龍田丸

であった。

その中の龍田丸は昭和五年三月に三菱造船・長崎造船所で竣工した、総トン数一万六九七五トンの大型客船であった。旅客定員は一・二・三等合計八二二名となっていた。

本船は他の二隻の姉妹船とともに開戦直後からトラック島、フィリピン、マレー半島、ボルネオ島、ジャワ島などに進出する海軍特別根拠地隊や航空隊の要員や関係物資の輸送を開始したのであった。

ただこの三隻の姉妹船は昭和十七年七月から九月にかけて、一時特設運送船の任務を外れたことがあった。それは日本国内に残留する敵対国の外交官や各界の要員と、同じく敵対国に残留していた邦人の外交官や各界要員の交換輸送を行なうために、一時的に日本政府に傭船されたのである。このとき三隻は、日本からシンガポール経由でアフリカ東南岸沖のマダガスカル島まで残留外国人を運び、この地で外国船で送られてきた残留日本人を受けとり、日本まで輸送するという任務を無事に果たしたのであった。そして任務終了後は再び海軍に徴用され、特設運送船として運用されることになった。

昭和十八年二月八日午後四時、龍田丸は海軍基地横須賀を出港した。このとき本船にはトラック島に向かう海軍軍人（士官・下士官兵）および軍属（軍務に服する民間人）一二八三名と、本船固有の乗組員（船長以下の航海科および機関科士官はすべて予備海軍士官の地位にあり、本船のような徴用船の指揮はこれら海軍軍人と同等の予備海軍士官に委ねられていた）一九八名の合計一四八一名が乗船していた。また船倉にはトラック島に輸送される大量の各種物資が積み込まれていた。

龍田丸の護衛には駆逐艦「山雲」一隻が随伴することになっていた。なおこの頃の特設運送船の武装は、多くの場合が船首と船尾に各一門の七センチ単装砲が配置されている程度で、まだ多数の機銃による重武装は施されていなかった。

二隻が浦賀水道を通過し外洋に出た頃に天候はしだいに悪化し始め、伊豆大島沖を通過した頃には海上は風が強く時化の状態になっていた。

このとき護衛の駆逐艦「山雲」は龍田丸の前方約一五〇〇メートルに位置し、対潜対策として水中聴音器を作動させ敵潜水艦の潜伏の有無を探索していた。そして午後十時十五分頃、二隻が伊豆七島の御蔵島の東約七〇キロを進んでいたとき、駆逐艦「山雲」の艦橋で後方を進んでくる龍田丸の位置とおぼしき地点で、二回の轟音が聞こえたのであった。

「山雲」は龍田丸に何らかの異変が生じたものと判断し、ただちに針路を反転させ、急ぎ龍田丸の航行位置に接近したのである。この間約一〇分間が経過していた。

「山雲」が龍田丸の位置に近づくと、荒天の暗夜の中で船尾をすでに海中に没している龍田丸の姿がかろうじて確認できたのだ。「山雲」からはすぐに発光信号で「イカニセシヤ?」と問いかけたが、龍田丸からは何の返事もなく、そのまま船首を海面に逆立てたまま急速に沈んでゆく龍田丸の姿だけが見えたのであった。龍田丸が敵潜水艦の雷撃を受けたことは確実であった。

海上は風波が激しく「山雲」からカッターを降ろして遭難者の救助に向かうことも不可能で、周辺の海面の探索を続けるにもサーチライトの点灯は敵潜水艦の攻撃の目標になることは確実であり、「山雲」は暗夜の中での最大限の周辺海域探索を続けることしかできなかった。またこのとき「山雲」は敵潜水艦に対する威嚇の爆雷攻撃を行なうことはできなかった。もし実施すれば、周辺海域で生存しているであろう遭難者に対し激しい衝撃を与えることになり、無用な犠牲者を出しかねない懸念があったからである。

夜明けとともに「山雲」は龍田丸生存者の捜索を開始したが、一名の遭難者を発見することもできなかった。また「山雲」からは龍田丸被雷を知らせる無電を横須賀海軍基地に送っており、夜明けとともに遭難者捜索のために飛行機が現場海域上空に到着し捜索を開始したが、遭難者の手掛かりは何もなかった。

特設運送船龍田丸は乗船者全員(一四八一名)とともに一瞬にして消え失せてしまったのである。

戦後の日米両軍の戦果照合の際に、このとき龍田丸を攻撃した潜水艦は米海軍の潜水艦ターポン(量産型ガトー級潜水艦)で、発射した魚雷の二本が目標に命中し爆発し、目標の船船が沈没したのを確認している。

このときの人的損害は日本の特設艦艇船の中では最悪の記録であった。ただ陸軍の徴用輸送船（海軍と違いこれら陸軍徴用輸送船の所有権は各海運会社にあり、陸軍にはない）では一隻の沈没による犠牲者が四〇〇〇名を超える事例が複数存在した。

魔のダンピール海峡

——駆逐艦四隻喪失、そして輸送船団全滅

昭和十八年三月二日から三日にかけて、ニューギニア東部のダンピール海峡で日本陸軍一個師団を輸送する船団が米豪連合航空攻撃を受け、輸送船八隻のすべてと護衛の駆逐艦八隻中四隻が撃沈されるという悲劇が起きた。

昭和十八年二月の日本軍のガダルカナル島からの撤退と相前後し、米豪連合軍は日本軍が守備するニューギニア方面に攻勢をかけて来た。

当時、日本陸軍はオーストラリア大陸侵攻計画の拠点の一つとして、東部ニューギニアのトカゲの尾のように東に突き出した半島の北部の要衝ブナに守備隊を配置していた。

昭和十八年一月、突如侵攻してきた連合軍の猛攻の前にブナの守備隊は玉砕した。この事態に陸軍はただちに増援部隊を送り込む手段に出たが、送り込む先はブナ西方のラエ（トカゲの尻尾の付け根に位置する要衝）としたのだ。送り込む戦力は陸軍一個旅団と海軍陸戦隊二個中隊で、この輸送作戦は「丙三号作戦」と呼称された。

（上）ブリストル・ボーファイター、（下）ダグラスA20Gハボック

この輸送作戦は、歩兵を主力とする戦力約七四〇〇名と武器弾薬・糧秣・各種装備品などを陸軍徴用の輸送船（貨物船）七隻と海軍の輸送特務艦一隻で輸送するもので、その護衛には駆逐艦八隻が随伴し、別にラバウルを基地とする海軍戦闘機延べ約七〇機が十数機に分かれ断続的に上空を援護する計画であった。

当時、ニューギニア東部方面にはポートモレスビーを中心に、米陸軍航空隊の戦闘機と爆撃機合計三三〇機が配置されており、また豪空軍の双発雷撃機（ブリストル・ボーファイターおよびボーフォート）三〇機が集結し

第４図　反跳爆撃法（スキップボミング）概念図

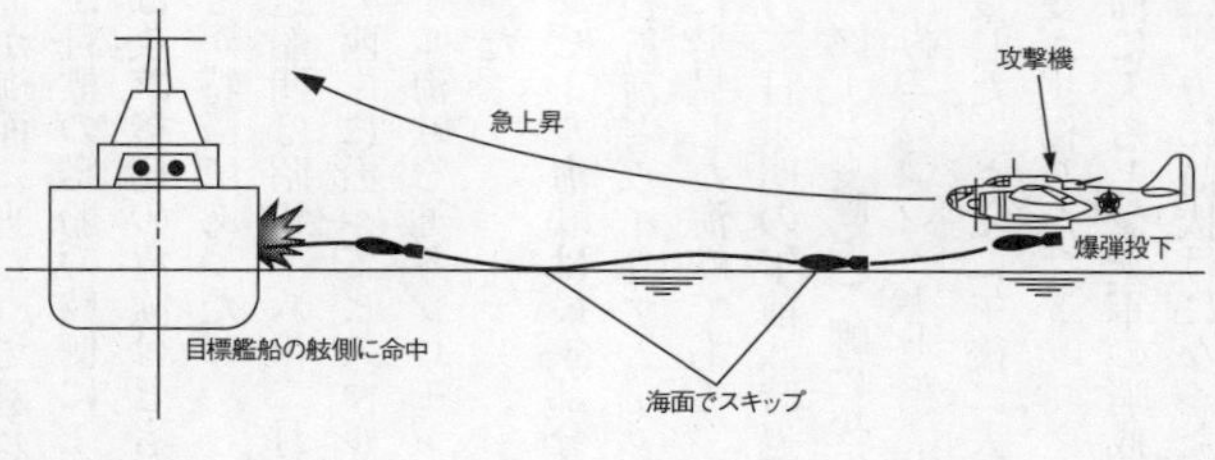

ていることが、日本陸海軍の偵察機の情報から確認されていた。つまりこの輸送作戦は当初より激しい敵の航空攻撃を受ける可能性を秘めていたのであった。そしてその事態を陸海軍ともに認識していたのである。

このためにこの輸送作戦自体の危険性を鑑み、海軍側は作戦の延期を陸軍に要請したのであったが、陸軍は「全滅も辞さず」という信念で、この輸送作戦を断行したのであった。

このとき米陸軍航空隊の航空戦力の内訳は、四発重爆撃機（ボーイングB17およびコンソリデーテッドB24）一一五機、中型爆撃機（ノースアメリカンB25、マーチンB26およびダグラスA20）一二〇機、戦闘機（カーチスP40およびロッキードP38）九五機という一大戦力であった。そして米爆撃機群の中型爆撃機と豪空軍の攻撃機は、「反跳爆撃法（スキップボミング）」という特殊な爆撃戦術を使い、艦船攻撃を実行に移す計画であったのである。

「反跳爆撃法」とは攻撃機の機体を目標に向けて低高度（海面上三〜五メートル）で飛行させ、目標の手前一五〇〜二〇〇メートルで爆弾を投下する戦法である。このとき爆弾は弾体側面が海面に当たって跳ね返り（反跳）ながら直進し（石を投げる水切り遊びと同じ原理）、弾頭が目標の艦船の舷側にぶつかり貫通し、爆弾は船内で爆発する仕組みなのである。この戦法は攻撃機側の危険はともなうが、急降下爆撃や水平爆撃に比較し命中率が格段に向上することが特徴であった。

輸送船団は昭和十八年二月二十八日にラバウル湾を出撃した。船団の航路はニューブリテン島の西岸に沿ってビスマルク海を西進し、ニューブリテン島とニューギニア島を隔てるダンピール海峡を通りソロモン海に入り、ラエに向かって西進するという約七〇〇キロの行程であった。

ダンピール海峡は最狭部分で幅三〇キロ、全長約七〇キロの海峡で、一七世紀にイギリスの探検航海者ウイリアム・ダンピール（ダンピアとも呼ぶ）が、ニューギニア島周辺の探検の際に発見した海峡である。

三月二日未明の午前八時過ぎ、船団がニューブリテン島の西端に位置するグロスター（グロセスターとも呼ぶ）岬に接近したとき、米重爆撃機十数機が現われ、船団に向けて低高度（高度約二〇〇〇メートル）から爆撃を開始したのだ。この攻撃で輸送船一隻が命中弾を受け沈没した。さらに午後に入り、米重爆撃機八機が再び低空から船団を爆撃、海軍特務輸送艦一隻が損傷した。

夜間に入ると豪空軍の哨戒飛行艇が船団周辺を執拗に哨戒した。船団の規模と針路は連合軍側にすでに筒抜けになったのである。

第5図　ダンピール海峡図

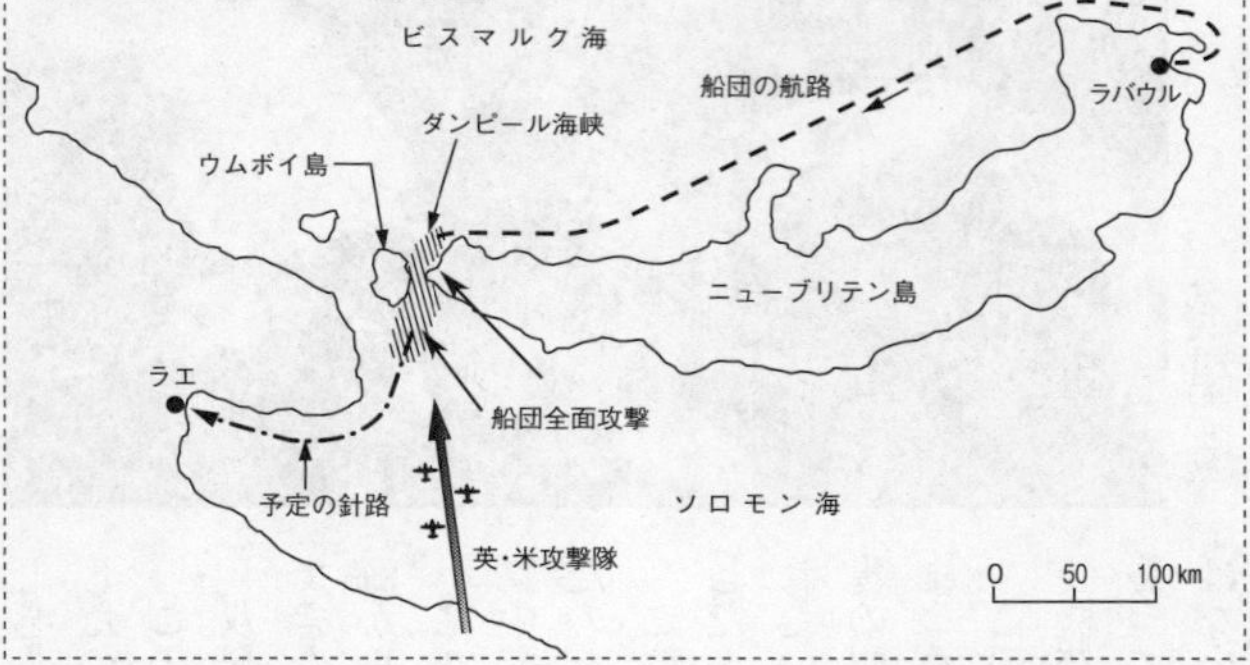

明けて三月三日、午前中にラバウル基地を出撃した戦闘機が船団上空四〇〇〇メートルに飛来し船団の援護にあたった。このとき米重爆撃機の編隊が高度四〇〇〇メートル以上で船団上空に飛来したために、護衛戦闘機群はこの爆撃機の邀撃を開始した。しかしこのとき同時に米軍の中型爆撃機の大編隊が低空から船団に向かって攻撃をかけてきたのだ。

これら中型爆撃機群は予想外の超低空から船団の各船に向かって直進して来た。さらに続いて豪空軍の約三〇機の双発攻撃機が、同じく超低空から船団の各輸送船と護衛の駆逐艦に向かって突進してきたのである。

攻撃してきた中型爆撃機の一部は高度二〇〇〇メートル付近から水平爆撃を行なったが、他の多くは海面スレスレの高度を各輸送船と駆逐艦に向けて突き進み、爆弾らしきものを投下した。

日本側の輸送船と駆逐艦のこの攻撃を目撃したすべての乗組員は、この攻撃を「雷撃」と判断したのであった。しかし事態は想像の外にあった。突然、爆弾ら

沈没寸前の朝潮

しきものが船体の舷側に命中すると舷側を貫通し船内で爆発したのである。

このときの生存者の証言はまちまちである。駆逐艦乗員は「双発爆撃機が雷撃して来た」と言い、輸送船乗組員は襲ってきた敵機の攻撃高度が超低空であるために「まるで敵機が海から湧き上がってきたようだった」と表現している。

このとき日本海軍の戦闘機隊は上空に飛来した爆撃機の攻撃中であり、超低空で起きている事態をまったく知らなかったのだ。

この思いもよらない奇襲攻撃により輸送船群は、前日損傷した海軍特務輸送艦を含め、残りの輸送船のすべてが撃沈されたのである。そして悲劇は護衛駆逐艦群も襲ったのだ。八隻の駆逐艦のうち四隻がこの一連の航空攻撃で撃沈されてしまったのである。

この頃の駆逐艦の近接戦闘用の対空火器は各艦一三ミリ連装機銃二基あるいは二五ミリ連装機銃二基程度で、低高度で襲って来る敵機に対し、一二・七センチ砲は本来が高角砲ではないために敵機の攻撃速度に対応できず、さらに各機銃は装備数の少なさから有効な弾幕を張ることもできず、敵機のなすがままの状態に等しかったのである。

この航空攻撃で撃沈された駆逐艦は次の四隻であった。

「朝潮」（「朝潮」級一番艦、基準排水量二〇〇〇トン、最高速力三四・九ノット）

米中型爆撃機の繰り返しの反跳爆撃で複数の命中弾を受け沈没。乗組員のほとんどが犠牲となった。爆撃時の戦闘の詳細はまったく不明である。

「荒潮」（「朝潮」級四番艦）

中型爆撃機の低高度水平爆撃で艦尾二番砲塔と艦橋に直撃弾を受ける。舵機が故障したところに再び中型爆撃機の低高度水平爆撃を受け、多数の至近弾の爆発による艦底の破口からの浸水で沈没。

「白雪」（「吹雪」級二番艦、基準排水量一六八〇トン、最高速力三八ノット）

艦尾右舷斜め後方からの反跳爆撃の命中弾が艦尾三番砲塔の弾薬庫内で爆発、大爆発のため艦尾三番砲塔以降の艦尾を失い、その後の激しい浸水により沈没。

「時津風」（「陽炎」級一〇番艦、基準排水量二〇〇〇トン、最高速力三五ノット）

右舷側からの反跳爆撃による命中弾が機関室で爆発、運航不能となる。艦長は自沈を決めキングストン弁を開いたが沈没せず漂流を始める。翌四日にラバウル基地を出撃した九九式艦上爆撃機九機の爆撃により処分が試みられたが沈没せず、漂流が続く。その後、米軍爆撃機の爆撃で沈没。

この作戦で駆逐艦隊の指揮を執った木村昌福司令官（少将）も重傷を負い、日本に後送された。彼は帰国後艦政本部に出頭し、この海戦での経験から駆逐艦の近接戦闘用の火器の不備・能力不足を語っている。彼は現在の駆逐艦の近接戦闘用の火器は、敵機の低空攻撃にまったく役に立たず、可及的速やかに二五ミリ単装機銃六～一〇梃の増設を強く進言したのだ。

この提言は生かされ、その後駆逐艦の対空火器は二五ミリ機銃を中心に逐次増備され、「陽炎」型駆逐艦では昭和十九年後半頃には二五ミリ連装機銃三基、同三連装機銃二基、同単装機銃六～一〇梃（合計二五ミリ機銃一八～二二梃）装備と飛躍的な増強となっている。

救難曳船「長浦」の決断

——無謀な反撃に消えた非力な特務艇の末路

救難曳船とは、戦闘で航行不能になった艦艇や、海難によって航行不能となった艦船を所定の場所まで曳航し、必要に応じて損傷艦艇の修理や沈没防止対策作業が可能な能力を合わせ持つ船であり、海軍では艦艇とは別に雑役特務艇として区分し運用した。この救難曳船は小型でありながら機関出力が大きく、救難曳船の数倍もの巡洋艦程度の規模の軍艦の曳航も可能であった。

日本海軍は雑役船として太平洋戦争勃発時に、三型式八隻の主力救難曳船を保有していた。ここで紹介する「長浦」はその中では最大の「立神」級の救難曳船の一隻で本型式は三隻が建造された。

本艇の基本要目は次のとおりである。

総トン数　八一〇トン（基準排水量五九六トン）

全長　　五二・〇メートル
全幅　　九・五メートル
主機関　　三衝程レシプロ機関二基
最大出力　　二二〇〇馬力（合計出力）
最高速力　　一五・三ノット（二軸推進）
装備　　一〇トンデリック一基、五トンデリック二基
武装　　二五ミリ単装機銃二梃、一三ミリ連装機銃一基
　　爆雷一〇個

本艇は建造された救難曳船では最新型で、昭和十五年十月に完成するとただちに第四艦隊（内南洋・中部太平洋警備）に配属された。そして太平洋戦争勃発前に早くも内南洋の要衝であるトラック島へ派遣され、任務についていた。その任務は担当海域で戦闘が起きた場合に行動不能となった損傷艦艇をトラック基地まで曳航し、配置された工作艦に引き渡すことであった。

その後「長浦」はラバウル占領にともない、新たに設けられた第八根拠地隊（ソロモン海域ニューブリテン島のラバウル在）の工作部の所属となりラバウルに常泊し、ソロモン諸島をめぐる激烈な海戦で損傷し、行動不能となった艦艇をラバウルまで曳航し、その修理を待機している特設工作艦山彦丸や八海丸に託す役割を果たしていた。

また本来の任務とは別にトラック島とラバウル間の輸送船の護衛を担当することもしばしば行なった。そのために途中から「長浦」の後甲板には爆雷投下台が設けられ、爆雷が搭載された。

昭和十九年二月十七日、内南洋の要衝トラック島が空母九隻（航空機約六〇〇機）からなる米海軍機動部隊の急襲を受けた。その結果、トラック泊地に在泊していた日本海軍の艦艇、特設艦艇あるいは徴用商船など多数が撃沈され、集結していた海軍航空隊の実戦機のほとんどが地上で壊滅した。

この事態に日本海軍は急遽、ラバウル駐留の全海軍機（戦闘機、陸上攻撃機、偵察機等）をトラック基地に引き上げることを決定した。そしてそれと同時に航空隊司令部要員、搭乗員をはじめ、航空隊整備員全員もトラック島に移ることにしたのだ。

このとき一部搭乗員らはトラック島に移動する陸上攻撃機に便乗したが、大半は艦艇でトラック島まで引き上げることになった。

これら要員の中の約五〇名は潜水艦（伊四〇）に便乗したが、残る約四〇〇名は救難曳船「長浦」と二隻の小型徴用輸送船に分乗しトラック島に向かうことになった。三隻からなる船団は昭和十九年二月二十日にラバウルを出港した。このときこの三隻は先にパラオ島に向かい要員の一部を降ろした後にトラック島へ向かう予定であったとする説もある。ただこの三隻だけではあまりにも非力であると判断したラバウル根拠地隊司令部は、同隊所属の敷設艇「夏島」とわずか一五〇トンの木造の駆潜特務艇一隻を随伴させることに

第6図　救難曳船長浦

基準排水量	596トン
全　　長	52.0メートル
全　　幅	9.5メートル
主 機 関	三衝程レシプロ機関2基
最大出力	2200馬力(合計)
最高速力	15.3ノット

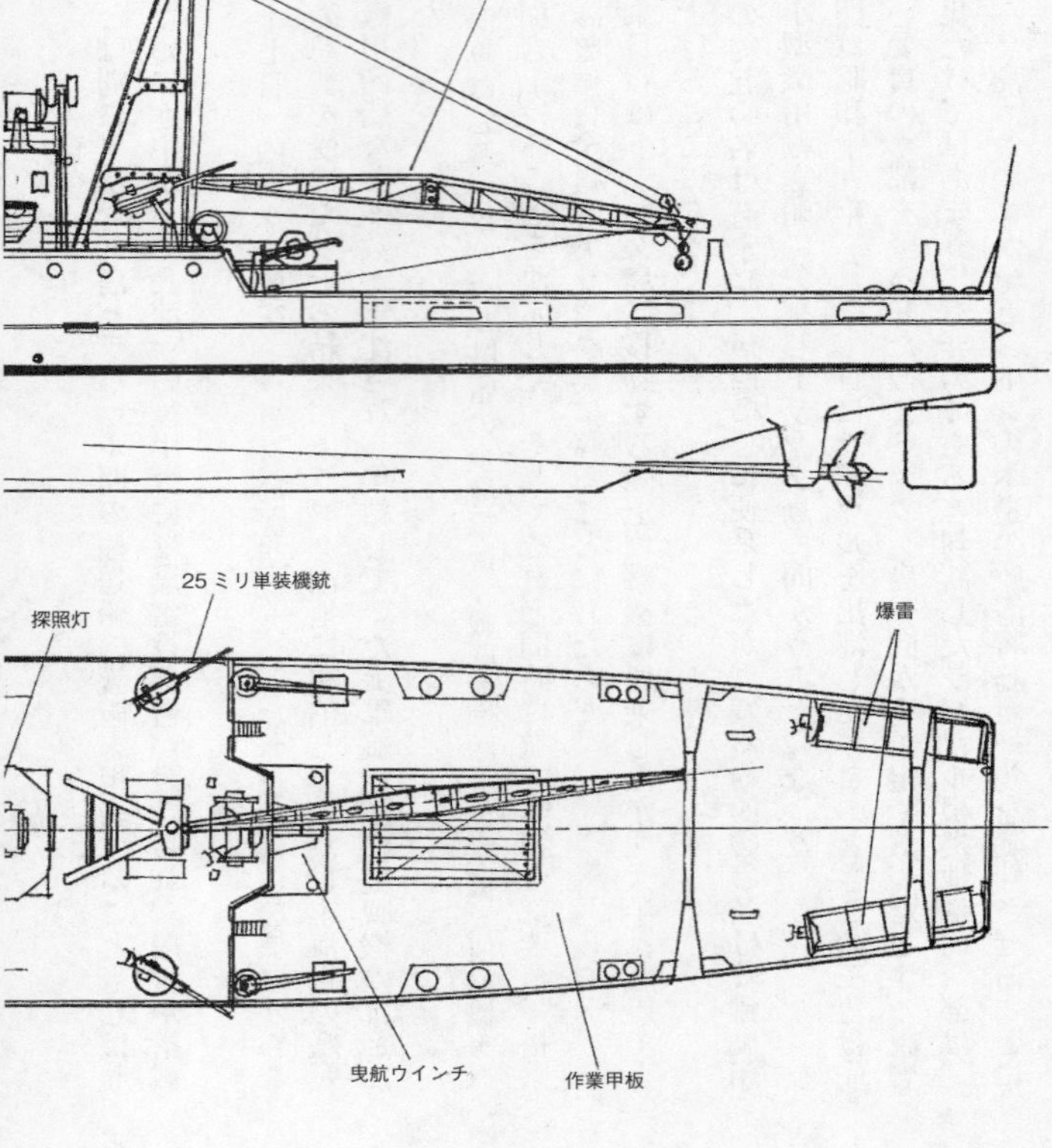

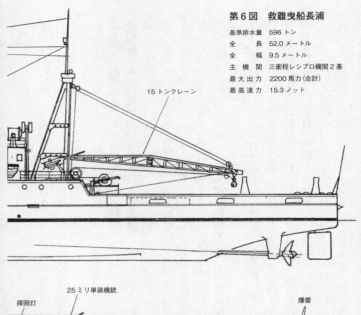

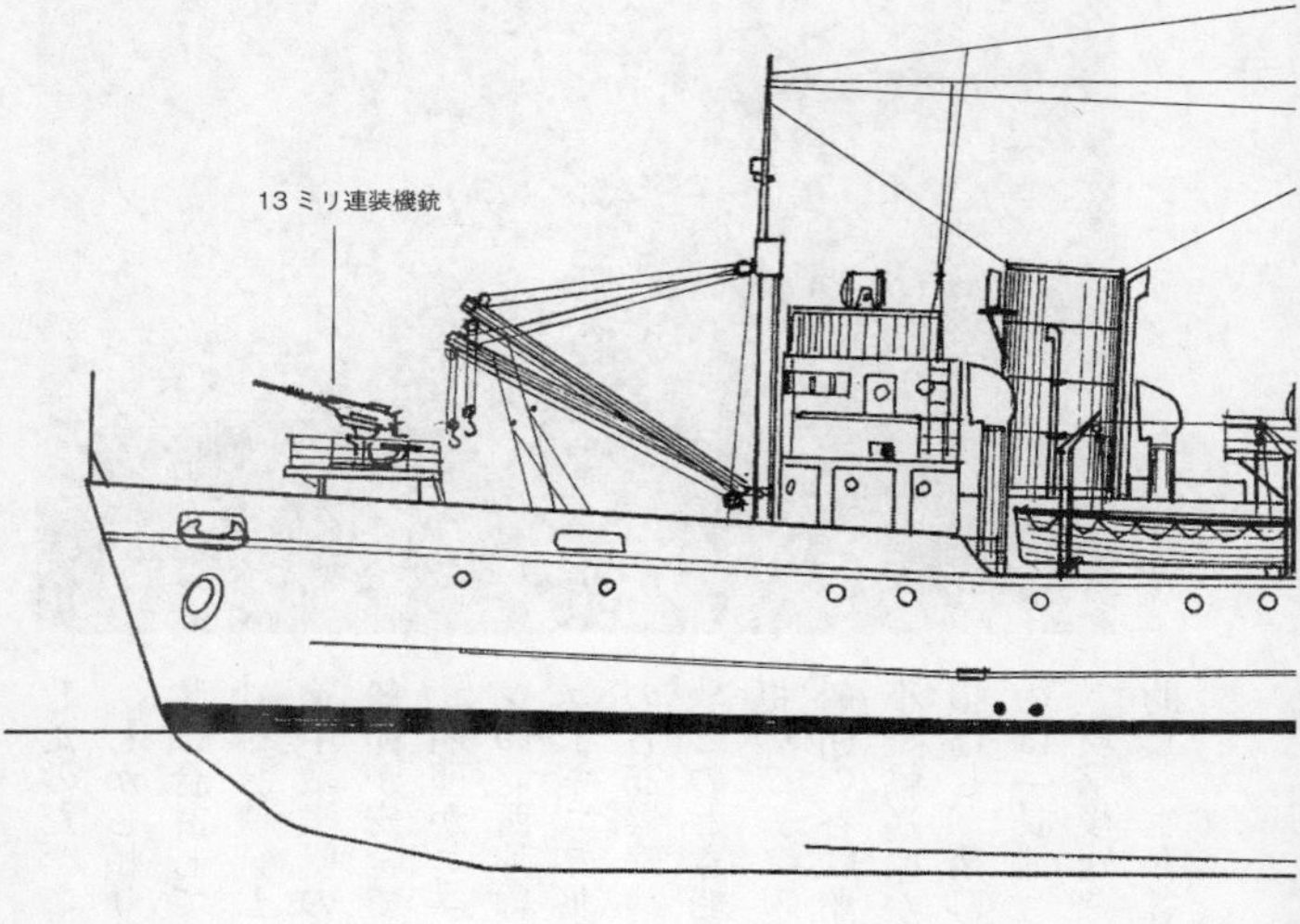

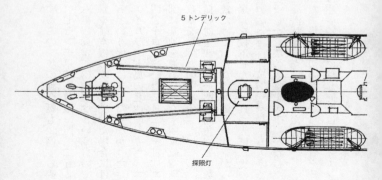

13ミリ連装機銃
5トンデリック
探照灯

敷設艇「夏島」

したのだ。

しかし頼りとするこの二隻の護衛艇も装備する武装は合計しても、七センチ単装高角砲一門、二五ミリ単装機銃七〜八梃、爆雷二〇個程度というもので、途中敵艦艇の攻撃や航空機の攻撃を受けた場合には船団が安全であるという保証はまったくなかった。

船団がニューアイルランド島の北西端、カヴィエンの北西沖約一四〇キロに達した二月二十一日、ニューギニア北東部に基地を進めていた米陸軍航空隊のB25爆撃機の攻撃を受けたのである。

このとき船団側の対空武器は一門の高角砲と十数梃の二五ミリ機銃だけであった。敵機は超低空から船団の各艦船に爆弾を投下したが、真っ先に二隻の小型輸送船が直撃弾を受け沈没、「夏島」も大きく損傷し、後に沈没した。この攻撃を無事にかわしたのは「長浦」と駆潜特務艇だけであった。

攻撃後残された二隻は周辺の海域から遭難者を救助し、生存者は駆潜特務艇に移し同艇はカヴィエン

長浦と同型のみうら

に引き返した。そして残る「長浦」はそのままトラック島に向かうことになった。このとき「長浦」には航空隊の地上要員二五〇名が便乗し、乗組員六四名と合わせて三一四名が乗り込んでおり、そのままトラック島に向かうことになったのだ。

翌二十二日の午前、「長浦」がカヴィエンの北方約四〇〇キロの地点に達したとき、はるか前方に数隻の小型艦艇が現われたのだ。

この艦艇の一群は米海軍の第二三水雷戦隊の五隻の駆逐艦であったのだ。この駆逐艦群はラバウルとトラック島間の海域を哨戒行動し、日本側の油槽船や輸送船団を攻撃する任務を負っていたのである。そしてこの第二三水雷戦隊の司令は、ソロモン諸島をめぐる一連の海戦で勇名を馳せたアーレイ・バーグ海軍大佐（後に海軍大将に昇進し米海軍作戦部長の要職に就いた）であったのだ。

小型の非力な救難曳船対五隻の駆逐艦の遭遇である。勝敗の結果は歴然としていた。水雷戦隊側は当然のことながら「長浦」に対し、マストに「降伏せよ」の国際信号旗を掲げた。しかしこれに対する「長浦」の返答は数挺の機銃の反撃であった。これに応じて米駆逐艦側も五隻の合計一二五門の一二・七センチ砲で反撃を開始したのだ。

結果は無残であった。「長浦」は無数の命中弾を受け、まもなく沈没した。沈没に際し船上の生存者は海に飛び込んだが、彼らはその後米駆逐艦に救助されている。その数七五名とされている。結局この無謀で無益な戦闘の結果、「長浦」に乗り込んでいた乗組員と便乗者三一四名のうち二三九名が無駄に命を失ったのである。

太平洋戦争を生き延びた救難曳船は一隻のみであった。同船は戦後新設された海上保安庁の救難船「みうら」として、その後長く活躍していた。

潜水艦伊二九、無念の喪失

——帰国直前の訪独潜水艦、任務全うできず

太平洋戦争中の日本は、ドイツとの間で潜水艦を活用した連絡路の開設に全力を注いでいた。第二次大戦の勃発後、日本は日独間の直接の連絡手段の開発に多大な努力を傾けた。船便による連絡手段は連合軍側の厳しい監視下では不可能であった。ただし日ソおよび独ソ不可侵条約が締結している間は、シベリア鉄道を介しての日独間の連絡は絶対不可能ではなかった。しかし一九四一年六月の独ソ戦と同年十二月の日米開戦はそれを不可能にした。日独間を航空機を使い連絡飛行することは決して不可能ではなく、両国ともにそのための航空機の開発を急いだが、結局は未了に終わった。

残る道は潜水艦を使っての連絡である。この方法が成功すれば日独双方にとってメリットは極めて大きいことは確実なのだ。

一九三六年十一月に日独防共協定が締結されると、日独間での軍事に関する交流と協力関係がにわかに強まった。日本の場合はドイツの最先端軍事技術の実物や情報の入手が容易に

なるのだ。中でもその中心になったのが最新のドイツ航空技術の導入で、最新鋭のドイツ軍用機のサンプルや航空機エンジンの輸入が行なわれ、日本のその後の軍用機の開発に少なからぬ影響を与えた。また各種軍事技術に関する図面や資料の入手もこの間に行なわれた。しかしドイツ側では軍事技術に関しては日本から最新技術として入手するものは少なく、どちらかといえば一方通行の気配があった。

第二次大戦が始まり、さらに太平洋戦争が勃発すると、日独間の連絡手段として早速潜水艦による方策が検討された。この潜水艦による日独連絡はむしろ日本側が積極的であった。日本側は当然ながら最新の軍事技術を図面や資料、あるいは可能であれば現物の入手を期待したのだ。一方のドイツ側もこの連絡にはじつは大きなメリットがあった。それは、戦争勃発以来入手が困難になった天然ゴムやニッケル、スズ、タングステンなど、武器製造に欠かせない東南アジア産出の鉱物資源などの獲得であった。

昭和十七年四月六日、軍令部軍機機密命令として日独潜水艦による連絡の実行計画が具体化された。この連絡に使われるのは日本海軍の伊号潜水艦とされた。そしてその第一回実施計画に基づく命令は次のとおりであった。

「使用潜水艦は伊三〇号とする。同艦は昭和十七年四月中旬に日本を出発し、九月末までに日本に帰還する予定で欧州に派遣され、定められた任務を遂行するものとする」

ここで使用される伊三〇潜水艦は日本海軍最新鋭の乙型潜水艦伊一五号グループの一隻で、昭和十七年二月に呉海軍工廠で完成したばかりの新造潜水艦であった。

本艦の基本要目は次のとおりであった。

基準排水量　二一九八トン（水中）
全長　一〇八・七メートル
主機関　ディーゼル機関二基（水中動力：蓄電池）
最大出力　一万二四〇〇馬力（合計）
最高速力　二三・六ノット（水上）
魚雷発射管　五三センチ発射管六門（魚雷搭載量一七本）

本艦は当時就役中であったドイツ潜水艦にはない二つの特徴を持っていた。その一つが小型水上偵察機（零式小型水上偵察機）一機の搭載が可能であること。今一つは速力一六ノットでの航続距離が一万四〇〇〇カイリ（約二万六〇〇〇キロ）という、アフリカ喜望峰経由での欧州片道連続航行が可能な長大な航続力の持ち主であった。

伊三〇号潜水艦は昭和十七年四月九日に呉軍港を出港すると、途中マレー半島のペナンに寄港し、ドイツ向けの物資（生ゴム、スズ、タングステン、雲母など）二三〇トンを積み込み、さらに日本の機密兵器関連の図面や資料、そしてベルリン駐在の日本大使館に渡す新しい暗号書が積み込まれた。

本艦は途中インド洋南西方面の連合軍拠点海域の偵察を行なった。そして予備燃料をマダガスカル島のはるか東方海洋で特設巡洋艦報国丸から補給し、長駆大西洋をフランスのブルターニュ半島の南端にあるドイツ潜水艦基地ロリアンに向かった。

伊三〇潜水艦は呉出港四ヵ月後の八月六日に無事にロリアン基地に到着した。同港で陸揚げされた二三〇トンの貴重な物資は、当時のドイツでは入手不可能な物資ばかりであったためにドイツ側はこの土産物に狂喜したのだ。そして日本海軍の秘匿機体である潜水艦搭載可能な零式小型水上偵察機も、日本の技術資料としてドイツ側に引き渡された。

この水上偵察機用の格納庫は帰途に際し、ドイツから持ち帰る様々な最新兵器や機材の搭載場所として活用されることになった。

伊三〇号潜水艦は二週間後の八月二十二日にロリアンを出港し、長駆日本へ向けての航海に出た。このとき同艦の水上偵察機の格納庫に搭載されたドイツの最新兵器には、二〇ミリ四連装対空機関砲や最新型の電波探信儀（レーダー）などが積み込まれ、また艦内には多数の機密兵器の資料や図面などが持ち込まれていた。

伊三〇号潜水艦は十月十二日にシンガポールに到着した。ここで運び込まれた資料や図面などは降ろされ、飛行機便で日本まで運ばれることになり、事実日本に到着したのだ。そして格納庫内に搭載された重量物の多くはそのまま日本まで運ばれることになった。しかし同艦はシンガポールを出港直後に、イギリス海軍が開戦当時に敷設した機雷に触れて沈んだのだ。幸いなことに、沈んだ場所が浅海であったために、多くの搭載物の引き揚げは可能であったが、電波探信儀や高射機関砲などの重量物の引き揚げは不可能で、そのまま放置された。

ロリアンにおける伊30号潜水艦

本艦の沈没による犠牲者は一一三名であった。

伊三〇号潜水艦は期待された任務をほぼ完了したことになり、その功績は大きかった。

第二回目の日独潜水艦連絡は、昭和十八年六月二十二日にシンガポール発の伊八号潜水艦で再開された。本艦には前艦と同じくドイツ向けの貴重な物資二三〇トンが搭載されていた。そして八月三十一日に前回とは違いフランスのブレストに無事に到着した。ここはドイツ海軍の潜水艦と水上艦艇の拠点基地となっていたところである。このとき本艦にはドイツの軍事技術の習得のための海軍技術士官や、ベルリンの駐独日本大使館の交代要員など一一名が乗り込んでいた。

伊八号潜水艦は十月五日にブレストを出港し日本へ向かった。このときも本艦には前回と同じく多くのドイツの最新兵器や部品および最新技術の資料や図面などが搭載されていた。

本艦は十二月二十一日に無事に呉軍港に帰還した。

日独間の潜水艦による連絡航海は合計五回実施されたが、無事に往復の航海を完了したのはこの第二回の伊八号潜水艦だけである。前回の伊三〇号および第四回の伊二九号潜水艦がシンガポールまで無事に運んだ各種資料や図面、そしてこの航海で日本まで持ち込まれた各種資料や写真あるいは一部実物サンプルは、その後の日本陸海軍の新兵器の開発に大きな貢献をすることになったのである。それは海軍が開発を進めたジェットエンジン推進の特殊攻撃機橘花や、陸軍が開発を進めたジェットエンジン推進の戦闘機火龍、そして海軍のロケットエンジン推進の秋水などであった。

また実物としては、三式戦闘機飛燕に昭和十八年九月頃からニューギニア戦線で現地搭載が始まったモーゼル二〇ミリ機関砲とその弾丸も、伊三〇号潜水艦がシンガポールまで運び込んだものであった。

第三回目の日独潜水艦連絡にはイ三四号潜水艦が選定され、第二回目の伊八号潜水艦が訪独中の昭和十八年九月十三日に呉軍港を出発した。しかし途中マレー半島のペナン沖で、作戦行動中のイギリス潜水艦の発射した魚雷が命中し撃沈されてしまった。

第四回目の日独潜水艦連絡に選ばれたのは伊二九号潜水艦であった。本艦は昭和十八年十二月十六日にシンガポールを出港しロリアンへ向かった。このときにも同艦には生ゴム、スズ、タングステンなど重要物資二三〇トンが搭載されていた。本艦の任務の一つにドイツの最新ジェットエンジンとロケットエンジンの実物の輸送があった。すでに両エンジンの図面や資料は入手していたが、この二つは日本陸海軍が最も欲しかったものであった。

ロリアンに入港する伊29号潜水艦

本艦は昭和十九年三月十一日に無事にロリアンに到着した。そして四月十六日にはロリアンを出港し一路シンガポールに向かい、七月十五日にシンガポールに到着した。本艦の艦長は木梨鷹一海軍中佐であった。彼は昭和十七年に中部太平洋で偉業を成し遂げていることでその名が知られていた（伊一九号潜水艦艦長当時）。彼は米航空母艦ワスプめがけて一度に発射した六本の魚雷で、目標のワスプを撃沈すると同時に、逸れた三本の魚雷が付近を同航していた戦艦ノースカロライナに二本、同じく駆逐艦オブライエンに一本が命中し、オブライエンを大破させノースカロライナを中破させるという稀有の戦果を記録したのだ。

本艦の場合も書類や図面などは前回の経験を活かしシンガポールで降ろされ、空路日本に送り込むことになったが、ジェットエンジンなどの重量物は再びそのまま日本に運ばれることになったのである。しかし伊二九号潜水艦は日本へ向かう途中の七月二十五日、フィリピン・ルソン島の北方のバリンタン海峡で米潜水艦の雷撃で撃沈されたのだ。木梨艦長以下乗組員全員が戦死した。日本まで今一歩の地点で再び貴重な資料を失ったのである。

昭和十九年四月三十日、第五回目のそして最後の日独潜水艦連絡のために、伊五二号潜水艦がロリアンに向けてシンガポールを出港した。今回も生ゴム、スズ、タングステンなどの重要物資二三〇トンが積み込まれたが、それ以外に厳重に梱包された金塊二トン（現在価格で約七〇億円相当）が積み込まれた。この金塊は過去三回の連絡の成功で日本が得たドイツの最新技術に対する対価、またベルリン駐在日本大使館の活動資金として準備されたものであった。

本艦はアフリカ南端の喜望峰沖を無事に迂回し大西洋を北上していた。そしてアフリカ西岸はるか沖合のセントヘレナ島の西方沖を航行中、ドイツ潜水艦隊司令部から極秘の緊急連絡が入ったのだ。その内容は「連合軍がノルマンジー半島に上陸。ロリアン入港は断念されたし。途中別途連絡する方法で我が潜水艦と会合し、燃料を補給後ノルウェー海岸に向かわれたし。寄港地は追って連絡」というものであった。

伊五二号潜水艦は連合軍のノルマンジー上陸作戦の影響を直接受けることになったのである。当時の大西洋ではドイツ潜水艦の発する電波が逐一連合軍側に探知されるシステムが出来上がっていたのだ。そのために一九四三年後半以降、大西洋で活動するドイツ潜水艦の損害は急激に上昇していた。このシステムの中で活発な活動を展開していたのが、特設航空母艦（護衛空母）一隻と三〜四隻の護衛駆逐艦で編成された数個の「潜水艦狩りチーム（ハンターキラーチーム）」であった。これらは大西洋各海域に任意に配置され、司令部からの通報に最も近い位置を遊弋するチームがその通報にしたがって、最新の潜航潜水艦の発見装置を駆使し「潜水艦狩り」を展開するのである。

伊五二号潜水艦の独潜水艦との会合位置は連合軍側に探知されていた。昭和十九年六月二十二日の午後にドイツ潜水艦との会合を終えた伊五二号潜水艦は、その直後に護衛空母ボーグを中心としたハンターキラーチームのハンター（対潜哨戒機）に捕捉され、その後キラー（攻撃機）の攻撃と同じくキラー役の護衛駆逐艦の猛烈な爆雷攻撃を受け、撃沈されたのである。

合計五回の日独潜水艦連絡は完全成功一回、途中成功二回、失敗二回という結果となった。そして、喪失潜水艦四隻、乗組員と便乗者合わせて三三〇名という犠牲を払った。その一方、貴重な戦略物資約七〇〇トンをドイツに運び込み、日本側はドイツの最新軍事技術の資料や図面の多くと一部現物を入手し、その後の日本の航空技術、とくにジェットエンジンやロケットエンジンの開発に大きな功績を残すことになったのである。

なお余談であるが、最後の連絡艦伊五二号に積み込まれた二トンの金塊については、沈没位置が確定はされているが水深三〇〇〇メートル以上の深海であり、回収は困難と思われるが、欧米のトレジャーハンターたちはその回収にいまだに期待を寄せている。

航空母艦「大鳳」の沈没
――あっけない最後を遂げた最新鋭航空母艦

航空母艦「大鳳」は日本海軍航空母艦史上で正規の航空母艦としては、最強の構造と最良の機能を持った艦であったはずだった。しかしその最後はじつに早く、またじつに、あっけないものであった。本艦の就役期間はわずか三ヵ月という、日本海軍の大型軍艦の中では異例ともいえる短命の軍艦となったのである。まさに日本海軍の終焉と共にあったような悲劇の軍艦だったのだ。

昭和十四年（一九三九年）当時の米海軍は、第二次ヴィンソン計画に基づく大量の戦艦、航空母艦、巡洋艦などの主力艦の建造を始める準備を進めていた。そしてその一部はすでに実行に移されていた。

日本海軍もこれに対抗すべく新たな艦艇増備計画の下に艦艇の建造計画が進められ、昭和十三年末に開催された第七十四回帝国議会において、新たな艦艇八三隻の建造要求案が可決された。この艦艇増備計画（㊃計画）の中に航空母艦一隻の建造が含まれていた。

昭和十四年当時の米海軍は、その時点で近々に完成する艦を含め大型航空母艦の保有数は七隻であった。この時点での日本海軍の正規航空母艦の保有数は建造途中(翔鶴、瑞鶴)を含め六隻となり、米海軍に対し一隻の不足となっていた。建造が決まった航空母艦一隻はこの差を埋めることが目的であったのである。

建造が決まったこの航空母艦の最終的な要目は次のとおりであった。

基準排水量	二万九三〇〇トン
公試排水量	三万四二〇〇トン
全長	二六〇・六メートル
全幅	二七・七メートル
飛行甲板寸法	全長二五七・五メートル×全幅三〇メートル
主機関	艦本式蒸気タービン機関四基
最大出力	一六万馬力(合計)
最高速力	三三・三ノット
搭載航空機	六一機

本艦の最大の特徴は装甲飛行甲板を持つことにあった。エレベーターは飛行甲板の前後に各一基配置となっており、この間の全長一五〇メートル×全幅二〇メートルは、二〇ミリと

七五ミリの防弾鋼鈑の二重構造となっていた。この装甲の総重量だけでもじつに一六五〇トンに達した。同じ構造の飛行甲板は、ほぼ同じ時期に建造を開始していた英海軍のイラストリアス級航空母艦ですでに採用されていた。

この飛行甲板による船体の重心の上昇を抑えるために、本航空母艦の吃水線上の高さは可能な限り低く抑える必要があった。このために飛行甲板高の低下に対する対策として、日本の航空母艦としては初めての船体艦首と飛行甲板を一体化させた、いわゆるハリケーンバウが採用された。そして飛行甲板右舷端に配置された艦橋は煙突と一体化されたスマートな構造となった。また艦首水面下には球状船首（バルバスバウ）が採用されている。

本艦の航空機の搭載量については諸説があるが、当初の計画では常用六三機と補用一五機の合計七八機となっていた。しかしその後試作中の大型新鋭艦上戦闘機（烈風）、大型艦上攻撃・爆撃機（流星）、そして艦上偵察機（彩雲）の搭載に変更され、常用六〇機、補用一機の合計六一機に変更されている。

（注）本艦の最初にして最後の実戦投入となったマリアナ沖海戦時の搭載機数は、合計七五機となっている。その内訳は零式艦上戦闘機二七機、天山艦上攻撃機一八機、彗星および九九式艦上爆撃機二七機、二式艦上偵察機三機となっていた。

飛行甲板の耐爆弾能力は五〇〇キロ爆弾の直撃に堪え得る（貫通しない）ものとされており、二基のエレベーターの表面も二五ミリ装甲板が張られ、その重量は一〇〇トンに達した。

この重量のエレベーターは現在に至るまで日本最重量のエレベーターである。

本艦は昭和十六年六月に川崎重工業神戸造船所で起工され、昭和十八年四月に進水した。この時期は日本海軍最大のピンチの時代で、主力航空母艦の絶対的な不足の中、少しでも早い本艦の完成が待たれていたときであった。このためにその後の艤装工事は急ピッチで進められ、竣工は予定より三ヵ月も早い昭和十九年三月であった。

航空母艦「大鳳」と命名された本艦は、完成と同時に航空母艦「翔鶴」「瑞鶴」とともに第一航空戦隊を編成した。第一航空戦隊は在籍航空機の合計二二〇機を超える一大攻撃戦力を備えた航空戦力を持つことになった。

昭和十九年六月、米海軍は海兵隊と陸軍部隊の巨大な兵力と、これを支援する艦隊とともにマリアナ諸島のサイパン島上陸作戦の準備を整え終わっていた。そして支援の基幹となる一五隻の航空母艦（エセックス級大型航空母艦七隻、インデペンデンス級軽空母八隻。合計航空戦力約九〇〇機）は、六月十一日から十二日にかけ、その航空戦力の一部を使いサイパン島の航空攻撃を展開した。サイパン島上陸作戦の決行は六月十五日に予定されていた。

この米海軍の機動部隊を迎え撃つために、日本海軍が乾坤一擲の海戦として備えていたのが航空母艦「大鳳」を旗艦とする日本海軍の機動部隊であった。日本側機動部隊の総航空戦力は航空母艦九隻（大型航空母艦五隻、軽空母四隻と航空機合計四四〇機であった）。戦いを前にしてすでに日本側は劣勢であることは決定的であったのだ。

このとき「大鳳」と「翔鶴」「瑞鶴」の三隻の日本側の主力航空母艦の航空戦力は、合計

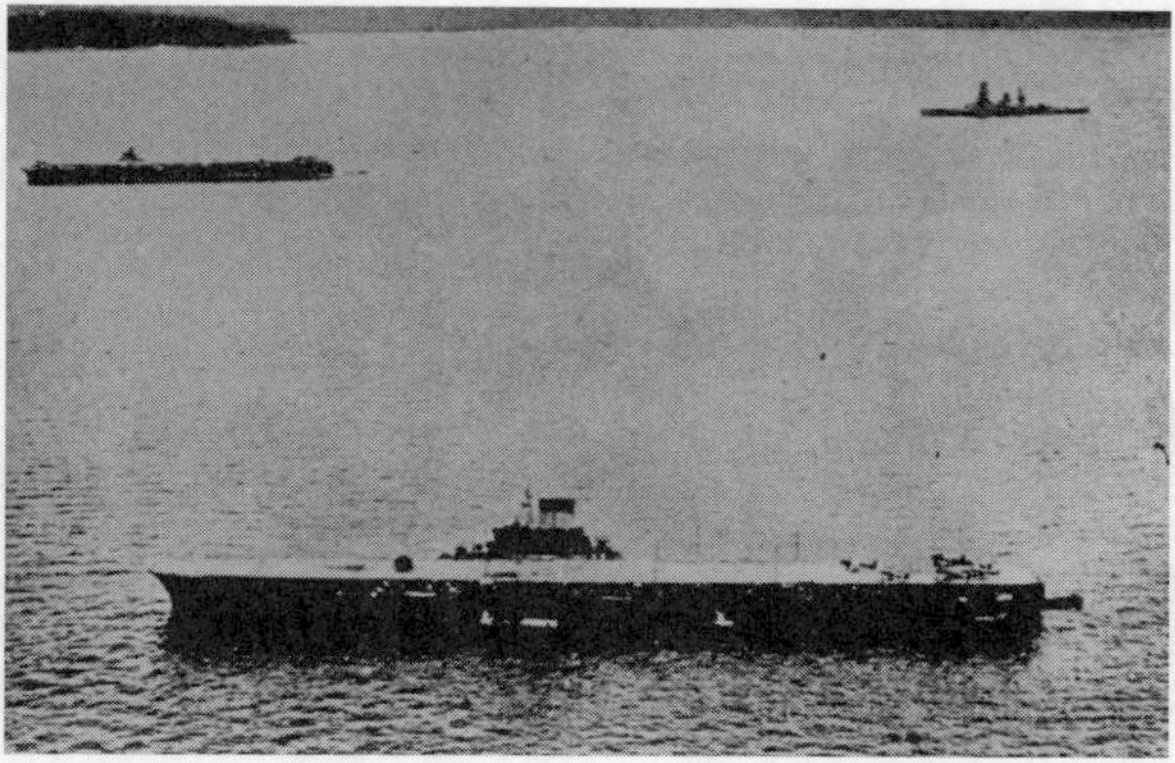

マリアナ沖海戦における大鳳(手前)

二二五機であった。そして残り二隻の大型航空母艦(飛鷹、隼鷹)と四隻の軽空母の搭載する航空戦力は二一五機であった。

六月十九日、日本海軍の航空母艦を出撃した哨戒機は敵機動部隊を先に発見した。直ちに攻撃隊が九隻の航空母艦から出撃した。まず三隻の軽空母から成る航空戦隊から合計六四機の攻撃機と戦闘機が出撃した。そして、航空母艦「大鳳」「翔鶴」「瑞鶴」の三隻から合計一二八機の攻撃隊が出撃した。さらにその直後、航空母艦「隼鷹」「飛鷹」および軽空母一隻から合計五一機の攻撃隊が出撃したのだ。

しかし結果的には、これら合計二四三機の攻撃隊はほとんど敵艦隊に攻撃を仕掛ける機会もなく、その大半が途中に待ち伏せていた米側の迎撃戦闘機の大群に迎撃され、全滅に近い損害を受けたのであった。

ごく一部の攻撃機は敵艦への攻撃を決行したが、敵艦に一矢も報いることができず、猛烈な対空砲火

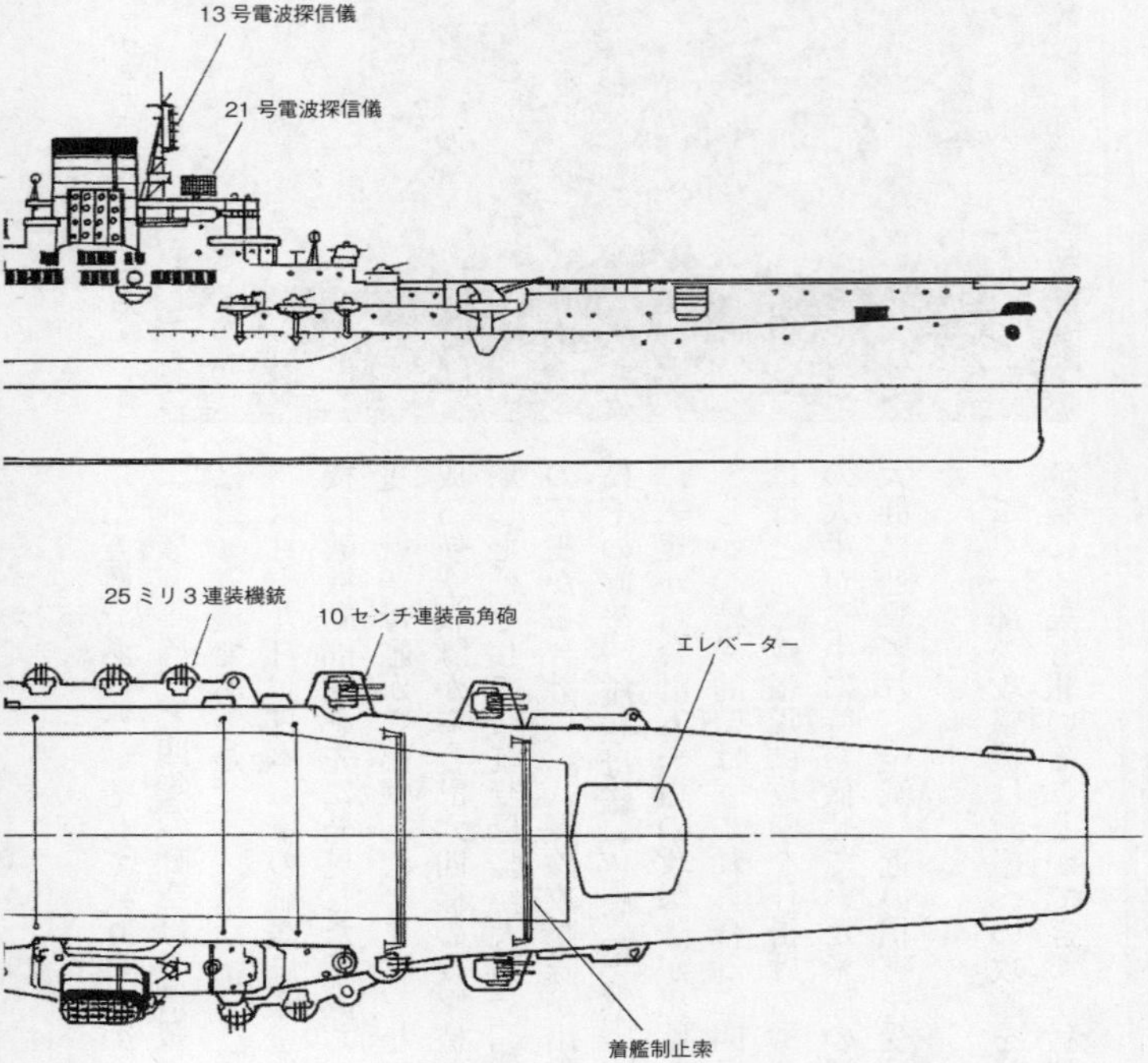
13号電波探信儀
21号電波探信儀
25ミリ3連装機銃
10センチ連装高角砲
エレベーター
着艦制止索

第７図　航空母艦大鳳

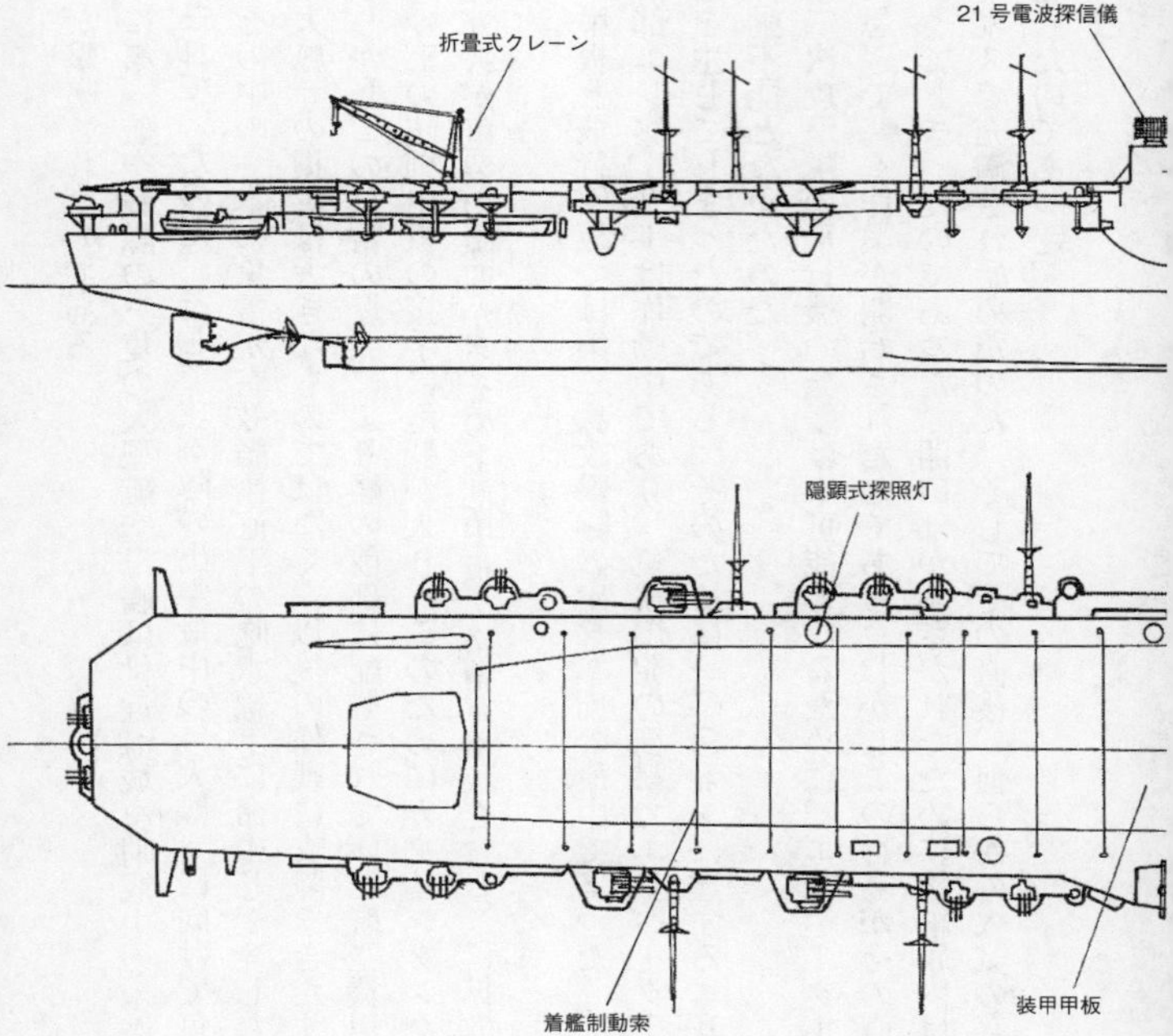

の中にほぼすべてが撃墜されたのである。

この出撃の最中に第一航空戦隊の三隻の大型航空母艦は付近海域を哨戒中の米潜水艦（アルバコア）に発見されていたのだ。そして攻撃隊の出撃最中の「大鳳」に向けて魚雷六本を発射した。そしてその中の一本の魚雷が右舷艦橋直下の吃水線下に命中し爆発した。当初、この魚雷による「大鳳」の損害は大きなものではなく、以後の作戦に支障をきたすものとは思われなかった。しかしこの魚雷の爆発により艦の前部に配置されていた航空機用ガソリンタンクの上部とその上の防御甲板の接手に亀裂が入り、このためにガソリンタンクから漏れたガソリンの気化ガスが亀裂の隙間からその上部甲板（格納庫甲板を含む）に拡散を始めたのだ。

このとき格納庫甲板と飛行甲板では第二次攻撃隊の出撃準備の最中であった。そして魚雷が命中したとき前部エレベーターは作動中であり、魚雷爆発の衝撃でエレベーターのガイドレールなどに変形を生じてしまったのである。そのために一〇〇トンに達するエレベーターは途中で止まり作動不能となったのだ。

この状態では第二次攻撃隊の飛行機の発艦は不可能となるために、エレベーターの大きな開口部を木材で大急ぎで塞ぐ作業が開始されたのである。しかしこの行為がその直後の予想外の惨事につながってしまったのであった。開口部がふさがれたために格納庫内は急速に気化したガソリンのガスで充満され始めたのだ。そしてその直後、何らかの火気の存在で気化ガスは一気に爆発したのであった。

揮発性ガスや炭塵の爆発は地上においても極めて甚大な損害を与えるほど厳しい結果をもたらすものである。格納庫内の空間のすべてが一気に爆発したに等しいこの威力は激しく、一〇〇〇トン以上の重さの装甲飛行甲板は大きく膨れ上がり、格納庫内に散乱していた爆弾や魚雷、そして航空機のガソリンタンクの燃料が一気に爆発し、その勢いで下甲板にも火勢は広がり機関も停止した。

「大鳳」は爆発の二時間後に船体が左舷に大きく傾き、間もなく転覆し、その姿は波間に没した。竣工後三ヵ月の最新鋭の巨大航空母艦のあっけない最後であった。航空母艦「大鳳」の沈没による犠牲者の数は乗組員一七五一名中七六七名に達した。本艦の沈没は日本海軍にとって大きな衝撃となったが、同時にこの戦争の行く末を占うような出来事でもあったのである。

待ち伏せ攻撃で散った老戦艦

――乗組員全滅。レーダー射撃の標的となった戦艦「山城」――

「扶桑」「山城」の二隻の戦艦は先の「金剛」級の四隻の巡洋戦艦の建造に続き、正規の弩級戦艦として建造されたものであった。両戦艦の艦名には日本戦艦の伝統的な艦名である、日本の旧国名の中でもその中心となるべき名称が与えられた。「扶桑」とは中国の故事伝説にまつわる言葉で、中国では古来より日本の異称として使われていた言葉である。つまり日本国そのものを現わす言葉なのだ。また「山城」は日本統治の中心たるべき京都を中心とした地域の名称、そしてその国名なのである。両戦艦の艦名は本来、日本海軍を代表するものであった。

両艦の規模は「金剛」級を上回り、基準排水量は二万九三三六トン、常備排水量三万三〇〇〇トンを超えた。主砲は三六センチ（一四インチ）連装砲塔六基（一二門）、一五センチ単装副砲一六門（片舷八門）という強武装であった。

これは当時の世界最大規模の戦艦であり、イギリス海軍のクイーン・エリザベス級を凌ぐ

ものであった

一番艦の「扶桑」は明治四十五年（一九一二年）三月に呉海軍工廠で、二番艦の「山城」は大正二年（一九一三年）十一月に横須賀海軍工廠で起工され、それぞれ大正四年十一月と大正六年三月に完成した。

両艦は昭和五年（一九三〇年）以降近代化工事が行なわれたが、このとき船体が艦尾方向にそれぞれ約七メートル延長され、両舷にバルジが増設された。これにより全長・全幅ともに増加し、基準排水量も三万四七〇〇トンに達し、「陸奥」「長門」に次ぐ巨大戦艦に変貌した。

この改造に際し主機関の強化が図られ、その出力は合計七万五〇〇〇馬力となり三万五〇〇〇馬力も増強された。これにより最高速力も二四・五ノットに増速されたが、それでも太平洋戦争に突入したときには日本の戦艦では最低速度の戦艦となっていた。

本艦の舷側装甲の厚さは中央部で三〇五ミリに達し、一応強靭さを保ってはいたが、とくにその低速力が故に実戦への投入は逡巡されるものとなっていた。

太平洋戦争時の本艦の武装は主砲と副砲はほとんど変わりなかったが（副砲については二門減少）、対空火器は若干強化され一二・七センチ連装高角砲四基、二五ミリ連装機銃八基が搭載されていた。

「扶桑」「山城」両戦艦の外観は極めて特徴があった。とくにその最たるものは艦橋楼の姿で、一三層の細長く伸びた櫓型の姿は、まさに日本の戦艦の艦橋楼を象徴するパゴダマスト

山城

そのものであった。
太平洋戦争に突入したときのこの二隻は、戦艦「伊勢」「日向」とともに第一艦隊の第二戦隊を編成していた。しかし低速であるがために機動部隊の支援戦隊に投入されることはなく、戦争勃発後の最初の出撃はミッドウェー海戦時の援護戦隊としてであった。この戦隊は機動部隊の直護ではなく、現われるであろう敵戦艦などに対する防衛戦力としてであった。
ミッドウェー海戦以後この二隻は実戦への出撃の機会はないまま、主に瀬戸内で訓練に明け暮れていた。当時戦艦「日向」と「伊勢」を航空戦艦へ改造する計画が進められていたが、速力の遅い「扶桑」と「山城」はその対象にはならなかった。海軍艦政本部としてもこの両旧式戦艦の運用方法については明快な計画がなく、むしろ持て余していたのだ
ところが昭和十九年九月に至り、米軍のフィリピン侵攻が濃厚となると、連合艦隊ではこの両艦を迎撃水上艦艇の戦力として投入する計画を打ち出したのだ。この時点で残存していた七隻の戦艦（大和、武蔵、長門、金剛、榛名、扶桑、山

城）はすべて連合艦隊の第二艦隊に統括され、「扶桑」と「山城」は第二戦隊を編成し遊撃隊として行動することになった。

米軍のレイテ島上陸作戦が開始されると同時に、連合艦隊の水上艦隊は一斉に敵上陸軍に対する迎撃を展開することになった。このとき戦艦「扶桑」と「山城」は重巡洋艦「最上」および駆逐艦四隻で編成された別動隊として、行動する予定になっていた。この別動隊は西村祥治中将に指揮され、西村艦隊と別称されていた。

西村艦隊は本体（栗田艦隊）とは別行動でフィリピンのボホール海を通り、ミンダナオ島とレイテ島の間のスリガオ海峡を抜けてレイテ湾に突入する計画であった。しかし米軍側はこのことをすでに予知していたのだ。そして防衛上の重要海域であるスリガオ海峡に多数の戦艦、巡洋艦、駆逐艦、さらに魚雷艇まで配置し、日本艦隊の侵入を阻止する計画を立てていたのだ。

このときの米海軍の待ち伏せ艦隊の戦力は、戦艦六隻、重巡洋艦四隻（うち一隻はオーストラリア海軍）、軽巡洋艦四隻、駆逐艦二六隻、魚雷艇三九隻という西村艦隊に数倍する戦力であったのだ。しかもこの戦艦の中には旧式艦ながら「扶桑」「山城」を凌駕する、四〇センチ主砲を搭載したウエスト・バージニアなども含まれていたのである。

米海軍の阻止計画では、まず魚雷艇の集中攻撃を先陣とし、その後駆逐艦の魚雷攻撃を展開、そののちに戦艦と巡洋艦の主砲攻撃を展開する予定であった。

すでに米戦艦と巡洋艦にはレーダー射撃照準装置が搭載されており、夜間の迎撃戦でも砲

ウエスト・バージニア

撃戦を展開できる準備ができていたのだ。

昭和十九年十月二十四日の夜九時、西村艦隊は重巡洋艦「最上」と駆逐艦を前衛としてスリガオ海峡めざしてボホール海を進んでいた。この行動は早くも前衛にあった米海軍の魚雷艇隊に発見されていた。これら魚雷艇は排水量四五トン、五三ミリ魚雷四本を搭載し、四〇ノットの高速の持ち主であった。魚雷艇の一群は先頭を進む日本の巡洋艦と駆逐艦に対し魚雷攻撃を開始した。このとき日付は十月二十五日の午前三時になっていた。

暗夜の米魚雷艇の雷撃は不成功に終わり、逆に魚雷艇三隻が日本の重巡洋艦や駆逐艦の高角砲や機銃の射撃で撃沈破された。魚雷艇の攻撃を切り抜けた日本艦隊は第二陣の駆逐艦群に遭遇した。このとき駆逐艦群の中の五隻が日本艦隊に対し一八本の魚雷を発射した。

その直後、二〇ノットで進んでいた駆逐艦「満潮」に魚雷一本が命中し爆発した。続いて戦艦「扶桑」にも魚雷二本が命中し爆発、さらに続けて二本が命中した。このときの魚雷の一本は「扶桑」の弾火薬庫の誘爆を誘ったと思われ、「扶

テネシー

桑」は凄まじいほどの大爆発を起こし船体は二つに折れ、たちまち沈没してしまったのだ。まさに轟沈である。

悲劇は続いた。「扶桑」の後を進んでいた二隻の駆逐艦（山雲、朝霧）にも魚雷が命中し、「山雲」は爆発と同時に瞬時にその船体は海面下に没し、「朝霧」は行動不能に陥った。残る日本側の艦艇は戦艦「山城」と重巡洋艦「最上」、そして駆逐艦一隻（時雨）のみとなった。

このとき部隊司令官は「扶桑」の爆沈によりすでに存在しなかったが、残る三隻は状況把握もままならず、そのままスリガオ海峡に向けて直進していたのだ。しかしその先には強力な戦艦と巡洋艦の鉄壁の防衛陣が待ち受けていたのであった。

日本艦隊が現われると最初に戦艦ミシシッピーとテネシーが戦艦「山城」に向けて主砲を発射した。暗夜の中でもレーダー照準は正確であった。戦艦メリーランドとカリフォルニアも重巡洋艦「最上」に対しレーダー照準による射撃を開始したのだ。これを合図のように残る戦艦や巡洋艦も一部はレーダー照準により「山城」と「最上」に対し射撃を開始した。

このときの日本艦隊と米主力艦隊との距離は最短で二四〇〇メートルであった。主砲にとってはまさに平射の直接照準射撃となったのである。双方の主砲の数は圧倒的に米軍側に有利であった。このとき米戦艦の発射した主砲の弾丸の数だけでも三〇〇発に達していた。滅多打ちの腰だめ射撃といえるものであった。戦艦ウエスト・バージニアは四〇センチ砲弾九三発、戦艦テネシーとカリフォルニアの三六センチ砲弾だけでも一三二発に達していたのだ。「山城」は巨砲弾の滅多撃ちに遭遇したことになる。

この猛烈な艦砲射撃の直撃を戦艦「山城」がどのくらい受けたのかはまったく不明である。ただ「山城」の細長い高層艦橋楼はこの猛射の中で途中から崩れ折れ、全艦が溶鉱炉のように燃え上がり、次第に沈んでいったことは事実である。第二次大戦中に失われた戦艦の中でも最も凄惨な姿の最後を演じたのは戦艦「山城」であったはずである。

戦艦「扶桑」と「山城」の乗組員三〇〇〇名余の中で生存して救出された者はほんの一握りに過ぎなかったのである。両巨艦はまさに地獄の戦いの中に沈んだのであった。

特設航空母艦「神鷹」の最期

――業火の中に失われた元欧州客船とその乗組員

日本海軍の航空母艦が沈没する過程の中でも、特設航空母艦「神鷹」の状況は最も悲劇的かつ悲惨であったといえる。航空母艦「神鷹」はドイツの極東航路用の客船シャルンホルストを改造し航空母艦としたものであった。日本海軍が建造した五隻の客船改造の特設航空母艦の中では最後に就役した艦であった。

客船シャルンホルストは一九三五年（昭和十年）に、ドイツの海運会社の北ドイツ・ロイト社が極東航路用に建造した客船である。姉妹船にグナイゼナウと準姉妹船ポツダムがある。これら客船はドイツのハンブルクを起点に地中海、スエズ運河を経由し日本の横浜を最終寄港地とする航路に配船された。

この三隻の客船はナチス・ドイツ政権が発足して初めて完成した大型客船として、一番船シャルンホルストの進水式にはヒトラー総統が臨席するほどであった。本船は総トン数一万八一八四トン、主機関には最新式のターボエレクトリック機関二基が搭載され、その合計最大出力は三万二四〇〇馬力、最高速力は二三ノットに達した。

余談であるが、本船の出現により欧州航路に配船していた日本の客船は著しく見劣りすることになり、その刷新のために日本郵船社は新たに三隻のシャルンホルストとほぼ同規模の客船の建造に踏み切った。それが八幡丸、新田丸、春日丸の三隻であったが、完成当時すでに欧州では第二次大戦が勃発しており、これら客船で完成していた二隻（八幡丸と新田丸。春日丸は完成直前の状態）は欧州航路の配船が見送られ、北米西岸航路に配船された。しかしミッドウェー海戦の敗北による航空母艦の絶対的な不足から、当初の計画にあったとおりこの三隻を航空母艦として改造することになり、それぞれ特設航空母艦「大鷹」（春日丸）、「雲鷹」（八幡丸）、「冲鷹」（新田丸）として完成した。結果的にはこれら三隻のライバルとなるべきシャルンホルストも特設航空母艦に改造されることになったのである。因縁めいた話ではある。

シャルンホルストは第二次大戦勃発直前の八月二十六日に、日本からドイツへの帰路の途中でマニラ港に停泊していた。このときドイツ本国から同船の通信室に緊急の無電が入ったのだ。その内容は「即刻最寄りまたは最短距離の中立国か友好国の港に入港されたし」。ドイツが戦争に突入する直前に世界の海を航行するドイツの船舶に発せられた緊急電である。

これに対しシャルンホルストは直ちに全速力で日本の神戸港に引き返すことになった。神戸港に到着したのは一九三九年九月一日、第二次大戦勃発当日であった。

その後同号の乗組員はシベリア鉄道経由で本国へ戻ったが、船体は神戸港内に放置されたままとなったのである。

ミッドウェー海戦の敗北による主力航空母艦四隻の喪失は、日本海軍のその後の戦略に極めて甚大な影響を与えるものであった。海軍は当時建造中および起工直前の航空母艦の建造を急がせるとともに、その間の航空母艦不足を補うために開戦前に計画されていた大型客船の特設航空母艦への改造工事に直ちに着手することになった。改造の対象となったのは欧州航路用に建造された八幡丸級客船三隻（うち春日丸はすでに航空母艦「大鷹」に改造済みであった）、および南米航路用に建造された大阪商船の二隻の客船（あるぜんちな丸、ぶらじる丸）であった。これら客船の航空母艦への改造工事は直ちに開始されたが、その直前に輸送船として運用中のぶらじる丸が敵潜水艦の雷撃で撃沈されてしまった。

この不足の一隻を補うために白羽の矢が立ったのが、神戸港内に長らく停泊していたシャルンホルストであったのだ。日本政府は駐日ドイツ大使館を通じてのドイツ本国との折衝の結果、日本海軍は同号を購入することになり、昭和十七年九月から呉海軍工廠で急ぎ航空母艦への改造工事が展開されることになったのであった。

しかしこの改造工事に際し早速、二つの基本的な問題が立ちはだかったのである。その一つが改造時に必要な本船に関わるすべての詳細図面が手元にないことである。もう一つが本艦の主機関が当時の日本には存在しないターボエレクトリック機関であり、また本機関を駆動させるためのボイラーが日本ではまだ実用化されていない高温・高圧式を採用していることであった。

第一の問題については呉海軍工廠の造船関係者の総力により同船の各部寸法が測られ、詳細図面を作成することで解決することになった。しかし第二の問題の主機関については新たな主機関を製造するために時間を要するために、とりあえず同船独自の主機関をそのまま使うことになった。

本船の特設航空母艦への改造はすでに完成していた「大鷹」、さらに改造工事中の八幡丸や新田丸の改造様式に従うものとし、改造のための図面作成や改造工事には大きな障害はなかった。ただ船体が八幡丸級の客船より若干大型であるために、飛行甲板や格納庫などは大きくなり、例えば搭載航空機も新田丸級改造の場合の合計二七機（常用二三機、補用四機）に対し、合計三三機（常用二七機、補用六機）と増加している。

シャルンホルスト改造の特設航空母艦は「神鷹」と命名され、昭和十八年十二月に完成した。しかしその後の運用試験において、高温高圧ボイラーと不慣れなターボエレクトリック機関の取りあつかい未熟のため機関故障が続出し、結局ボイラーも主機関も艦本式主機関に換装することになり、就役は大幅に遅れることになった。そして完成し海上護衛総司令部に配属されたのは昭和十九年六月になっていた。

本艦の実戦任務は一連の訓練終了後、直ちに実施された。任務は一六隻からなるマニラ・シンガポールへ向かう貨物船と油槽船の船団、ヒ六九船団の護衛であった。このとき「神鷹」には対潜哨戒機として九七式艦上攻撃機一〇機前後が搭載されていたようである。また同時に格納庫にはフィリピンやシンガポール向けの戦闘機などが搭載されていた。

客船シャルンホルスト

このとき船団は何ら損害を受けることなく無事に目的地に到着している。そして折り返し「神鷹」は五隻の石油満載の大型油槽船五隻と鉱物原料を満載した大型貨物船五隻からなる船団（ヒ七〇船団）を護衛して日本に向かった。そして八月四日にシンガポールを出発し、途中敵の攻撃もなく無事に日本に到着した。

続いて九月八日に貨物船と油槽船からなる一〇隻の船団（ヒ七五船団）を護衛しシンガポールへ向かった。このときも「神鷹」は対潜哨戒機として九七式艦上攻撃機一〇機を搭載した模様である。これら哨戒機は日出から日没まで数機ずつ各機爆雷を搭載し交替で船団上空を飛行し、敵潜水艦の襲撃に備えたのである。護衛空母の存在は敵潜水艦にとっては脅威であり昼間の船団攻撃は防げるが、飛行機が飛ばない夜間は船団ばかりでなく護衛の航空母艦にも敵潜水艦の攻撃の脅威は生じるのである。このときも船団は途中敵潜水艦の襲撃もなく無事に目的地のシンガポールに到着している。

そして十月二日に折り返しシンガポール発の油槽船と

貨物船からなる九隻の船団を援護して日本に向かった。しかし途中の荒天や中国大陸に進出している米陸軍航空隊の爆撃機の攻撃などを受け多少の損害を出し、船団は台湾に寄港し待機することになった。このために「神鷹」は単独で日本に帰投することになった。

昭和十九年十一月十三日、大型油槽船五隻、大型高速貨物船一隻、陸軍特殊大型輸送船（上陸用舟艇母船）四隻の一〇隻で編成された船団（ヒ八一船団）を護衛し、マニラとシンガポールに向けて九州の伊万里湾を出発した。この船団はすべて優秀高速船で編成された、当時としては最強の船団であった。そのために船団の護衛も「神鷹」をはじめ駆逐艦一隻、海防艦七隻という強力な護衛陣であった。

この頃、日本からフィリピンのマニラやシンガポールに向かう船団、さらにその帰途の船団も、途中で敵潜水艦の集中攻撃（狼群攻撃：三隻程度の潜水艦で互いに協力し合い集団で目標を襲う戦法）を受け、人的に物質的に甚大な損害を出していた。そして米軍のフィリピン侵攻のための米海軍機動部隊の活動も活発で、フィリピン近海では多くの輸送船や護衛艦艇が敵航空機の攻撃で失われていた。

このときヒ八一船団にはフィリピン攻防戦の増援部隊の将兵や各種武器、補給品類が大量に搭載されていた。ヒ八一船団は敵潜水艦の攻撃から少しでも逃れるために、日本を出発後は東シナ海を西に横断し、以後は大陸沿岸に沿って南下する予定であった。「神鷹」には対潜哨戒機として九七式艦上攻撃機一四機が搭載されていた。

船団は集結地の伊万里湾を出発すると西に向けて東シナ海の横断に向かった。しかしその

神鷹

途上の十一月十七日、船団の中の陸軍特殊輸送船摩耶山丸に敵潜水艦の魚雷が命中し爆発した。被雷後同船はたちまち沈没した。同船に乗船しフィリピン戦線に向かう将兵三〇〇〇名以上が犠牲となった。

この日の夜、船団に再び悲劇が訪れた。夜十一時過ぎ、護衛の特設航空母艦「神鷹」に突然、魚雷が命中したのだ。敵潜水艦群は執拗に船団を追い、昼間は対潜哨戒機の攻撃を避けるために船団から離れて行動し、夜間にはレーダーの探索で船団を追跡し、攻撃の機会を待っていたのである。このとき「神鷹」の右舷水面下にたて続けに四本の魚雷が命中し、爆発した。

本来が客船の構造であり魚雷攻撃に対する頑丈な対策が施されていない「神鷹」にとって、四本の魚雷の命中は致命的であった。魚雷の爆発で同艦の航空機用燃料槽が一気に爆発し、大量のガソリンが炎上、それがたちまち周囲の海面に流れ出したのだ。「神鷹」の周辺の海面はほぼ全周にわたり燃え上がった。「神鷹」は全艦炎に包まれ魚雷命中三〇分後にはその姿を海面下に没した。

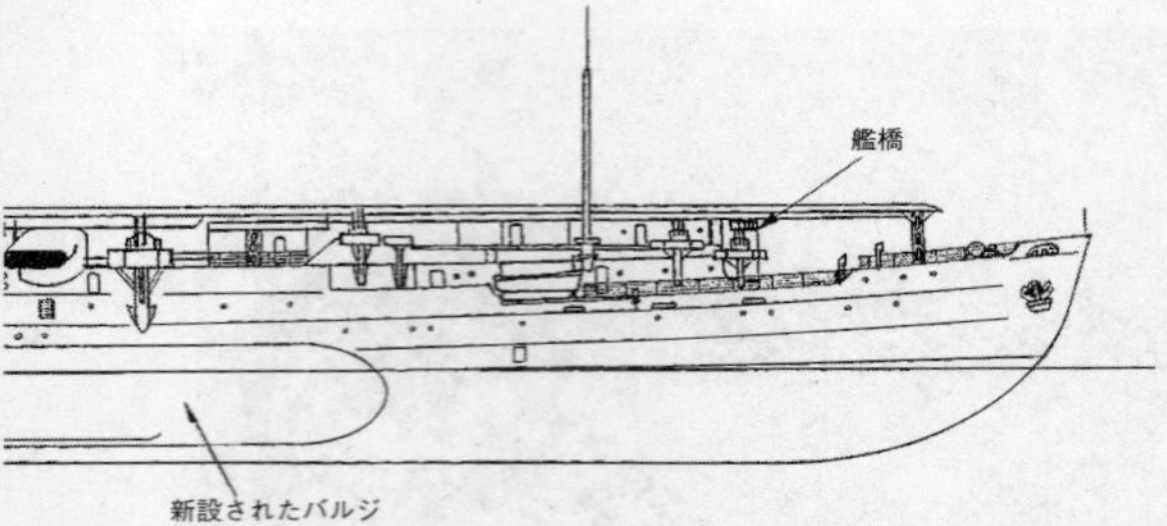
艦橋
新設されたバルジ

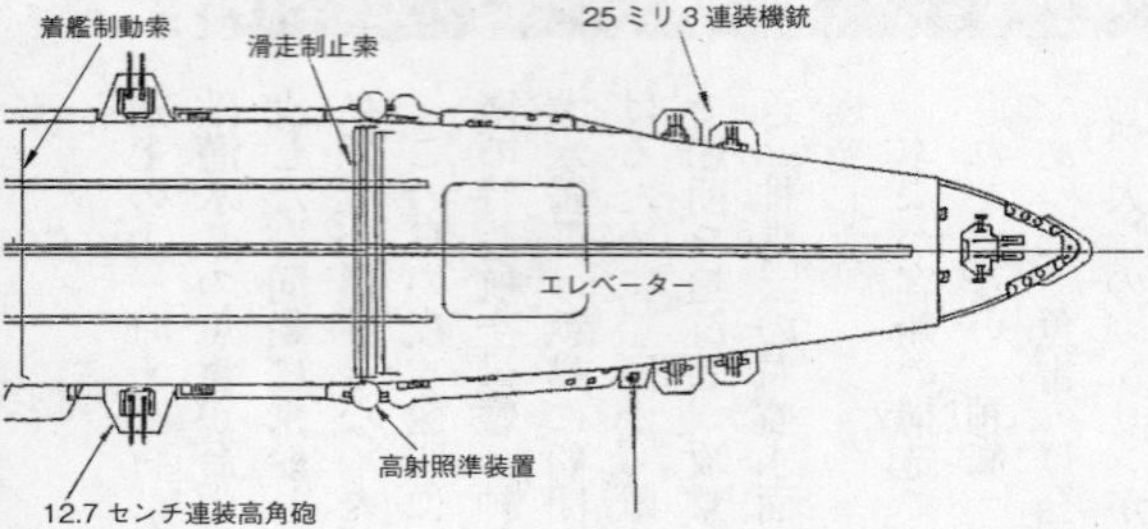
着艦制動索
滑走制止索
25ミリ3連装機銃
エレベーター
高射照準装置
12.7センチ連装高角砲

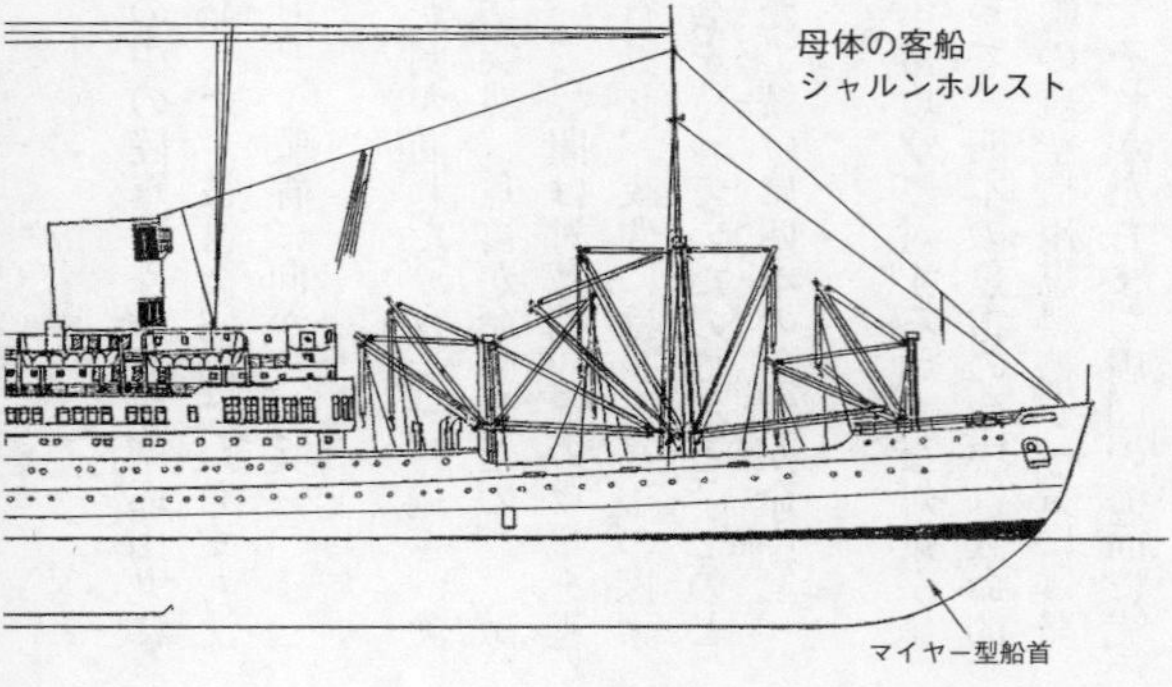
母体の客船
シャルンホルスト
マイヤー型船首

第８図　航空母艦神鷹

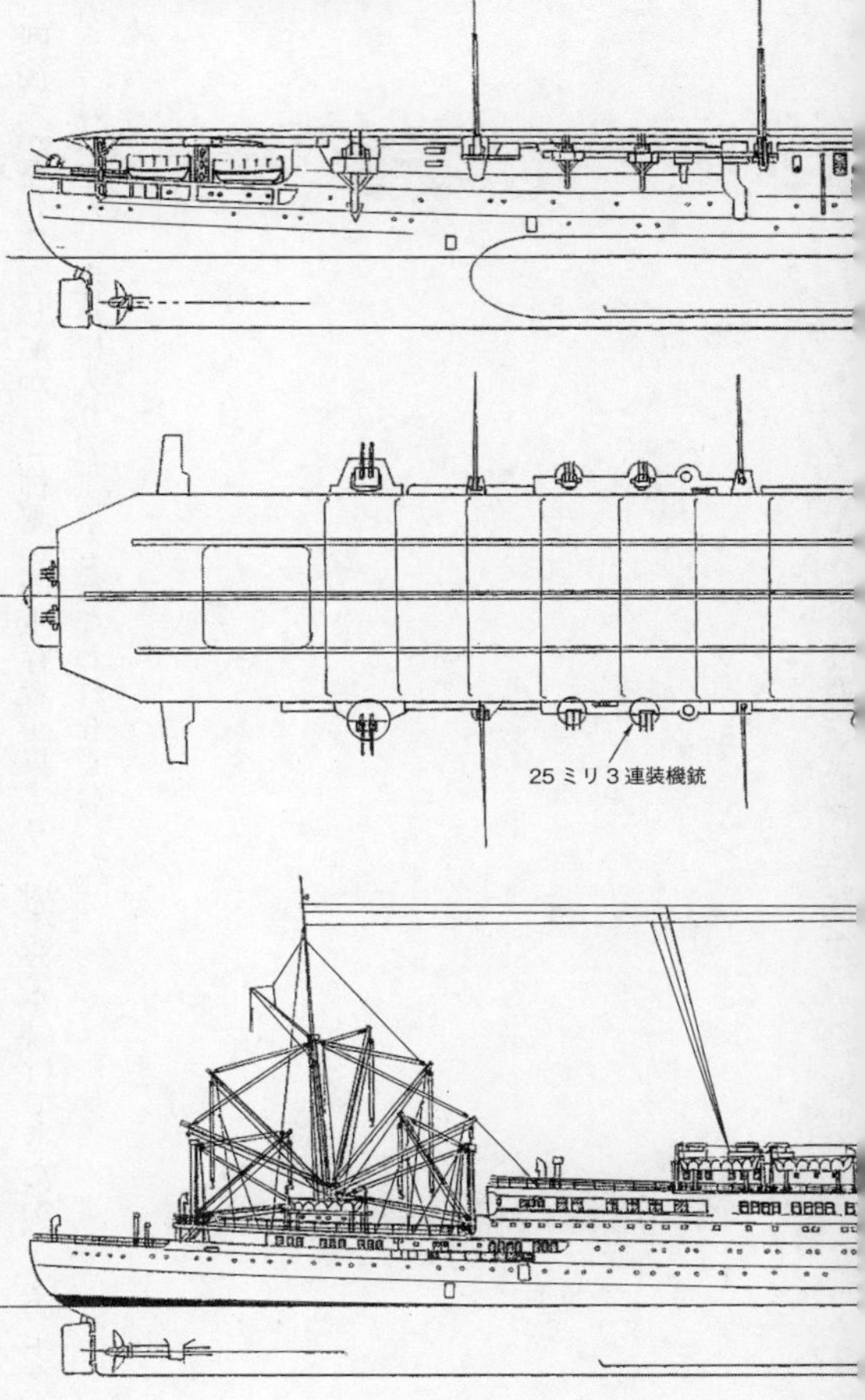

本艦の合計一一六〇名の乗組員の中の六〇名が奇跡的に救助され、他は全員炎の中に消えていったのである。全乗組員の九五パーセント以上の犠牲者が出た艦艇沈没の事例は少ない。戦艦「扶桑」と「山城」の悲劇的な沈没などはそのごく少ない事例であるが、本艦の沈没もその中に数えられることになったのであった。

戦後、かなり経過してから「神鷹」の生存者が集まり、慰霊祭を続けてきたが、その生存者も今はほとんど鬼籍に入り慰霊祭も行なわれなくなった。

沖縄へ向けた航海半ばに
――航空機の猛攻の前に屈した最新鋭軽巡洋艦「矢矧」

昭和十年頃の日本海軍の軽巡洋艦はいわゆる五五〇〇トン型が主力であった。しかしこの軽巡洋艦も建造以来十数年を経過し、構造や武装、各種艤装面で旧式化が目立ち始め、英米海軍の軽巡洋艦戦力に対し弱体化が顕著となってきた。

同じ頃の米海軍ではヴィンソン計画による大規模な艦艇増強計画が進められており、新型の軽巡洋艦の建造も開始されていた。これに対抗すべく日本海軍も極度に制限されていた艦艇の建造予算の中から、最新型軽巡洋艦四隻の建造に踏み切ったのであった。

これら四隻の軽巡洋艦は当然ながら水雷戦隊の旗艦として就役する予定であるが、船体は最新の船型理論に基づいた形状とし、武装を強化した六〇〇〇トン型として完成することになったのである。

この軽巡洋艦の基準排水量は六〇〇〇トンとされ、備砲はそれまでの単装一四センチ砲ではなく一五センチ連装砲を搭載し、魚雷発射装置も強化されることになった。新しい軽巡洋艦の基本要目は次のとおりである。

基準排水量　六六五二トン
全長　一七四・五メートル
全幅　一五・二メートル
主機関　蒸気タービン機関四基
最大出力　一一万馬力
最高速力　三五ノット（四軸推進）
武装　五〇口径四一式一五センチ連装砲三基
六〇口径九八式八センチ連装高角砲二基
二五ミリ三連装機銃二基
六一センチ四連装魚雷発射管二基（次発装填装置付）
搭載魚雷合計一六本
装備　水上偵察機二機（カタパルト一基）
二一型電波探信儀一基

本艦は既存の五五〇〇トン型軽巡洋艦に比べ、多くの新機軸が組み込まれていた。

イ、一五センチ連装砲塔三基搭載。

ロ、高初速、高発射速度の長八センチ連装高角砲塔二基搭載。本高角砲は初速毎秒九〇〇メートル、最大射高九一〇〇メートル、発射速度毎分二六発（一門）と既存の八九式一二・七センチ艦載高角砲に比較し大幅な性能向上となっており、敵航空機の防空に効果が期待できた。

ハ、魚雷発射管を五五〇〇トン型の片舷各二基の五三センチおよび六一センチ連装発射管に対し、六一センチ四連装発射管二基を船体中心線上に配置し、片舷発射能力を二倍に強化した。

ニ、水上偵察機を二機搭載とし（既存型は一機搭載）、索敵能力の向上を図った。

本軽巡洋艦は「阿賀野」級と呼ばれ、「矢矧」は三番艦として昭和十八年十二月に佐世保海軍工廠で完成した。「矢矧」は完成と同時に駆逐艦五隻よりなる第十水雷戦隊の旗艦に就役し、訓練を開始した。「矢矧」の初めての実戦参加は昭和十九年六月のマリアナ沖海戦であった。このとき「矢矧」は同じく第十水雷戦隊の旗艦として機動部隊の直掩を担当した。指揮下には防空駆逐艦の「秋月」「若月」「霜月」があり、各艦の最新の一〇センチ連装高角砲とともに八センチ高角砲で、機動部隊に襲い来る敵艦載機の防空戦闘を展開した。

このとき機動部隊を襲った敵艦載機群は合計一三二機とされており、「矢矧」はこの敵機に対し八センチ高角砲弾一三〇発、二五ミリ機銃弾五二〇〇（二六〇弾倉分）を発射している。ただこの攻撃では「矢矧」は何ら損傷を受けることはなかった。

その後「矢矧」は四ヵ月後の昭和十九年十月に展開されたレイテ沖海戦に栗田艦隊の第一遊撃隊に属し参戦した。

この一連の戦闘の中で十月二十四日に「矢矧」は敵艦上機の攻撃により数発の至近弾を受け、同時に後部甲板に一発の小型爆弾が命中、甲板を貫通し甲板下部の兵員室で爆発したが大事には至らなかった。

翌二十五日、戦艦、重巡洋艦、軽巡洋艦「矢矧」で編成された第一遊撃隊は敵護衛空母群と遭遇、空母群を各艦の主砲で射撃するという前代未聞の海戦が展開された。

この戦闘で「矢矧」は敵の空母部隊の護衛にあたっていた駆逐艦と砲撃戦を展開することになり、敵の一二・七センチ砲弾一発を船体前部左舷士官室に受けた。その直後、敵艦載機の攻撃により数発の至近弾を受けることになった。しかし大きな損傷には至らなかった。この戦闘における第十戦隊の戦果は敵駆逐艦ジョンストン一隻の撃沈であった。

この戦闘で「矢矧」が発射した砲弾数は、一五センチ主砲弾三六七発、八センチ高角砲弾六〇〇発（対艦射撃にも使われる）、二五ミリ機銃弾二万七〇〇〇発に達した。その一方で「矢矧」の損害は乗組員の戦死傷者一四四名、水上偵察機一機破壊であった。

呉に帰投した「矢矧」はその後、出撃の機会もなく瀬戸内での待機が続いた。しかし昭和二十年三月二十七日に至り、米軍の沖縄上陸を前に「矢矧」は駆逐艦八隻で急遽編成された第二水雷戦隊の旗艦に指定された。この戦隊は沖縄上陸の米軍部隊を迎撃のために単艦沖縄

矢矧

に向かう戦艦「大和」の護衛が任務で、同時に「大和」とともに上陸部隊に対する砲撃を展開することが目的の、いわば無謀な殴り込み「水上特攻攻撃部隊」であった。

四月六日、戦艦「大和」と第二水雷戦隊は周防灘の徳山沖を出撃し、一路沖縄へ向かって出撃した。この合計一〇隻の艦艇の生還の可能性はまったくなかったのだ。それよりも強力な敵機動部隊が付近海域を遊弋する中、沖縄に接近する可能性を期待することすらできなかったのであった。

戦艦一隻、軽巡洋艦一隻、駆逐艦八隻で編成された艦隊が四月七日に九州・薩摩半島先端の坊ノ岬沖を南下中、早くも艦隊は敵哨戒機に発見された。哨戒機からの連絡を受けた沖縄周辺海域を遊弋中の米機動部隊（エセックス級大型空母六隻、インデペンデンス級軽空母三隻、搭載航空機合計約六三〇機）は、直ちにこの艦隊攻撃のために攻撃隊を発艦させたのだ。

敵艦載機の攻撃は午後十二時三十分頃から午後三時ころにかけて途切れる間もなく、くり返し展開されたのだ。攻撃してきた艦載機は艦上戦闘機グラマンF6F、艦上爆撃機カー

カーチスSB2Cヘルダイバー

チスSB2C、艦上攻撃機TBMで、このとき艦上爆撃機は主に一〇〇〇ポンド(四五四キロ)爆弾、艦上攻撃機は一六〇〇ポンド(七二〇キロ)魚雷、艦上戦闘機の多くは五インチロケット弾を両翼下に搭載していた。

敵機の攻撃の主目標は「矢矧」と八隻の駆逐艦で組まれた防御円陣の中心の巨艦「大和」であったが、「大和」に次ぐ大型の「矢矧」も集中攻撃の対象となった。敵機の攻撃開始約一六分後の午後十二時四十六分に「矢矧」の艦尾右舷に一本の魚雷が命中し爆発した。そして「矢矧」は魚雷命中後一四分頃には機関が動かなくなり海上に停止してしまったのである。「矢矧」は早くも「大和」の護衛は不可能になり、乱戦の中で駆逐艦で「矢矧」を曳航するなどとうてい不可能なことになっていた。「矢矧」は停止し、完全に標的艦と化してしまったのであった。

このとき「矢矧」の艦長は過去の戦訓により直ちに搭載しているすべての魚雷の投棄を命じたのである。搭載された合計一六本の魚雷に装填された炸薬の総量は約八トンに達するもので、もし魚雷に敵爆弾が命中し爆発すれば、その誘爆に

昭20年4月7日、矢矧の最期

より「矢矧」は一瞬にして爆沈することになるのである。

その後に続く第二波、第三波の波状攻撃の中で、標的艦状態になった「矢矧」には次々と爆弾と魚雷が命中したのだ。米軍側の報告によれば、このとき「矢矧」を攻撃した航空機は、艦上爆撃機と艦上攻撃機の合計七三機（投下爆弾五六発、投下魚雷一七本）とされている。一方「矢矧」側の記録では命中爆弾一二発、命中魚雷七本となっている。「矢矧」は滅多打ちの航空攻撃を受けたわけである。

「矢矧」は第二次大戦中に失われた列国軽巡洋艦の中でも際立って激しい航空攻撃を受けて沈んだ艦であったと断言できるのである。

「矢矧」は昭和二十年当初には近接戦闘用の対空火器（機銃）の増設を行なっている。その結果この出撃に際しての「矢矧」の機銃の搭載数は、二五ミリ三連装機銃一〇基、二五ミリ単装機銃二八梃の合計五八梃に達していたのであった。

米軍側の記録によると、この攻撃に出撃した米海軍艦載機の合計は三八六機で、日本側の対空火器により撃墜された総数はわずかに一三機（他に損傷を受け帰投後廃棄処分された機体約一〇機がある）と報じられている。

「矢矧」の沈没による乗組員の犠牲は、乗組員一一〇〇名中戦死四四六名、戦傷一三三名で、約五〇〇名が戦闘終了後に駆逐艦により救助された。

この出撃で基地に帰還したのは損傷艦を含めわずかに四隻のみであった。

護衛任務を果たした海防艦八二号

——輸送船の身代わりとなって撃沈された勇敢な海防艦

海防艦八二号は日本海軍の絶対的な護衛艦不足を解消するために、昭和十八年・十九年建造計画で大量建造された船団護衛専用に造られた艦艇の一隻である。

本艦は大量建造が計画された七〇〇トン級海防艦の丙型と丁型のうち丁型に属するもので、一四三隻という大量建造の計画の中で昭和十九年当初から建造が開始された。結果的には終戦時までに完成したのは六三隻、八隻が未完成で終わっている。

丙型・丁型海防艦は太平洋戦争後期から末期にかけて日本海軍の船団護衛艦艇の主力として活躍し、五一隻が戦禍で失われるという激闘を強いられた艦艇であった。戦争後期の船団護衛ではこれら海防艦はつねに敵潜水艦や航空機の攻撃の矢面に立たされ、多くが孤軍奮闘して撃沈されていた。

ここで紹介する海防艦八二号もその例に漏れず、むしろ我が身を挺して敵機の放った航空魚雷を受け、護衛中の貴重な輸送船を守った武勲艦ともいえる艦である。

昭和二十年八月九日の未明、満州とソ連の国境数ヵ所から突然、ソ連地上軍の大部隊が戦車を先頭に満州国内に雪崩込んできた。しかし当時の満州にはこのソ連の大軍を迎え撃つ強力な日本陸軍の守備隊は存在しなかった。満州の地を守備する陸軍精鋭部隊はすでに前年からフィリピン防衛部隊として南西方面に移動していたのだ。そして当時の満州の守備を行なっていたのは在満の日本人の応急召集部隊や、内地より移動して来た初年兵の訓練部隊などで占められており、とうてい強力なソ連地上軍に立ち向かう戦力とはいえなかったのであった。

この日、地上でのソ連軍の大挙侵攻とは別に、満州に至近距離で続く地にある朝鮮北東岸の羅津港や雄基港でも、予想外の出来事が出来していたのだ。

昭和二十年八月当時の日本国内は絶対的な食糧不足の状態にあった。国内の田畑を耕作する壮年男性農業従事者のほとんどが戦場に駆り出され、農業人口は不足していた。このために主食の米の収穫量は激減し、それを補充するために東南アジア方面からの米も、米軍航空機や潜水艦の攻撃による輸送船の甚大な損害により期待はまったく持てなかったのだ。この深刻な食糧不足をわずかでも補うことができるものは、満州の地で生産される大豆やトウモロコシあるいは高粱などであった。

しかしこれら食糧品の輸送も、米重爆撃機による瀬戸内海や関門海峡方面への無数の機雷投下により、その輸送ルートは限定され、日本海沿岸の港と朝鮮北部の数ヵ所の港を結ぶルートに頼るしかなかった。

丁型海防艦

八月八日、朝鮮北部の清津港、羅津港の二つの港には五〇〇〇総トン以上の大型貨物船一八隻が岸壁に停泊し、大豆などの貨物の積み込み作業中であり、さらに港内には積み込み作業待ちの船が停泊していた。また最北部の規模の小さな雄基港には、小・中型貨物船一八隻が荷役作業中か港内で荷役待ちをしていた。ただこのとき日本の大本営では様々に寄せられる情報からソ連軍の満州侵攻の危機が切迫していると予測しており、これらすべての貨物船の荷扱いは「八月十日をもって終了せよ」という連絡を関係方面に出していたのであった。

じつは昭和二十年二月頃より満州とソ連の国境付近のソ連領側では、シベリア鉄道で大量の戦車や戦闘車両が輸送されている様子が報告されていた。また三月頃よりソ連軍の小規模部隊による越境事件がしばしば発生していた。さらに七月に入る頃には国境の一つである黒龍江の対岸で、渡河作戦の準備を行なう様子も観測されていた。

この事態に関東軍は早ければ八月、遅くとも九月にはソ連軍の満州国境越境の総攻撃が展開するものと予測したのであ

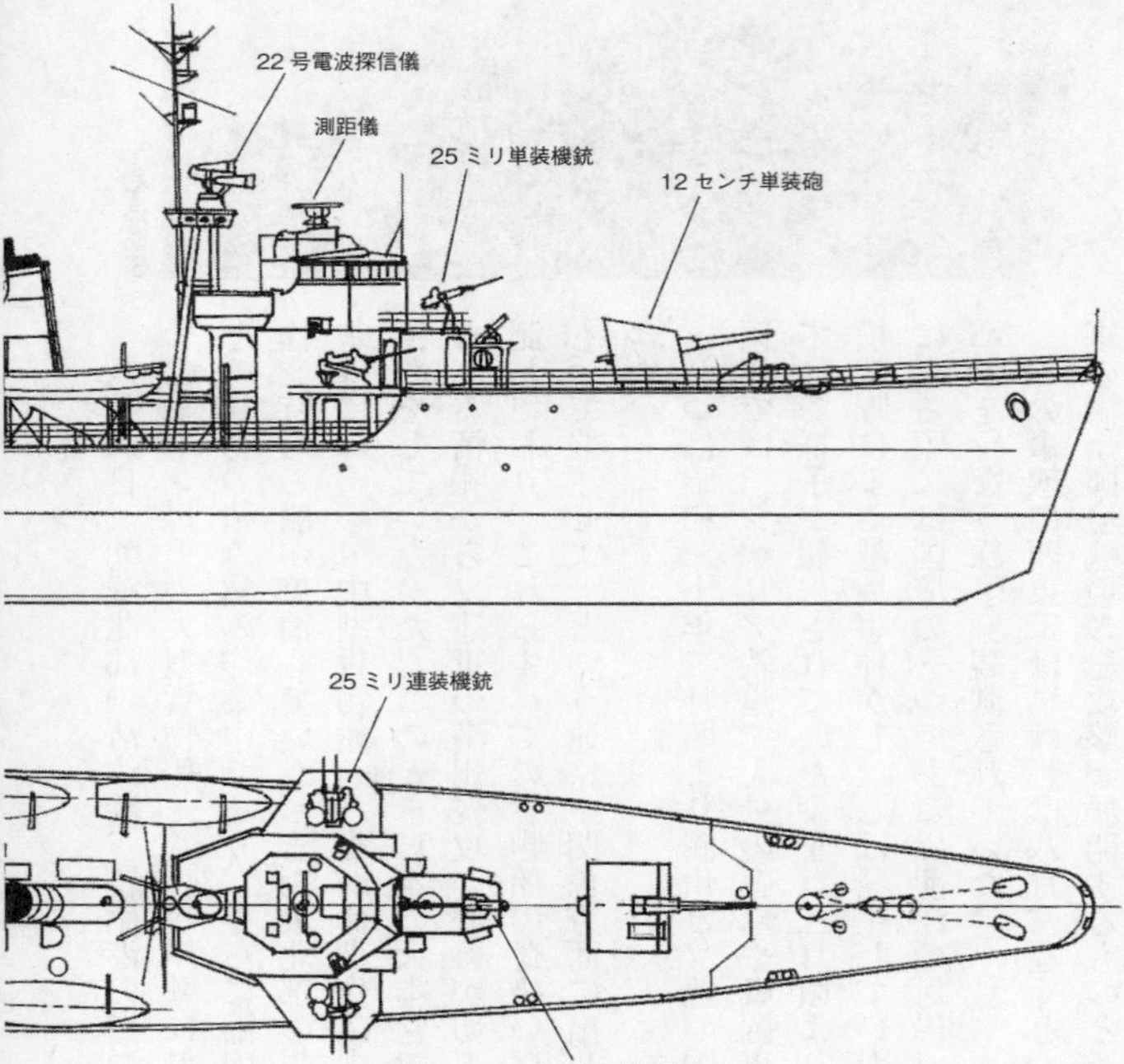
22号電波探信儀
測距儀
25ミリ単装機銃
12センチ単装砲
25ミリ連装機銃
8センチ迫撃砲

第9図　海防艦第82号（丁型）

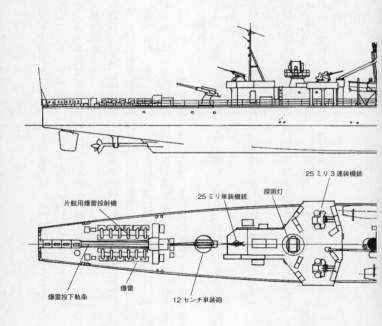

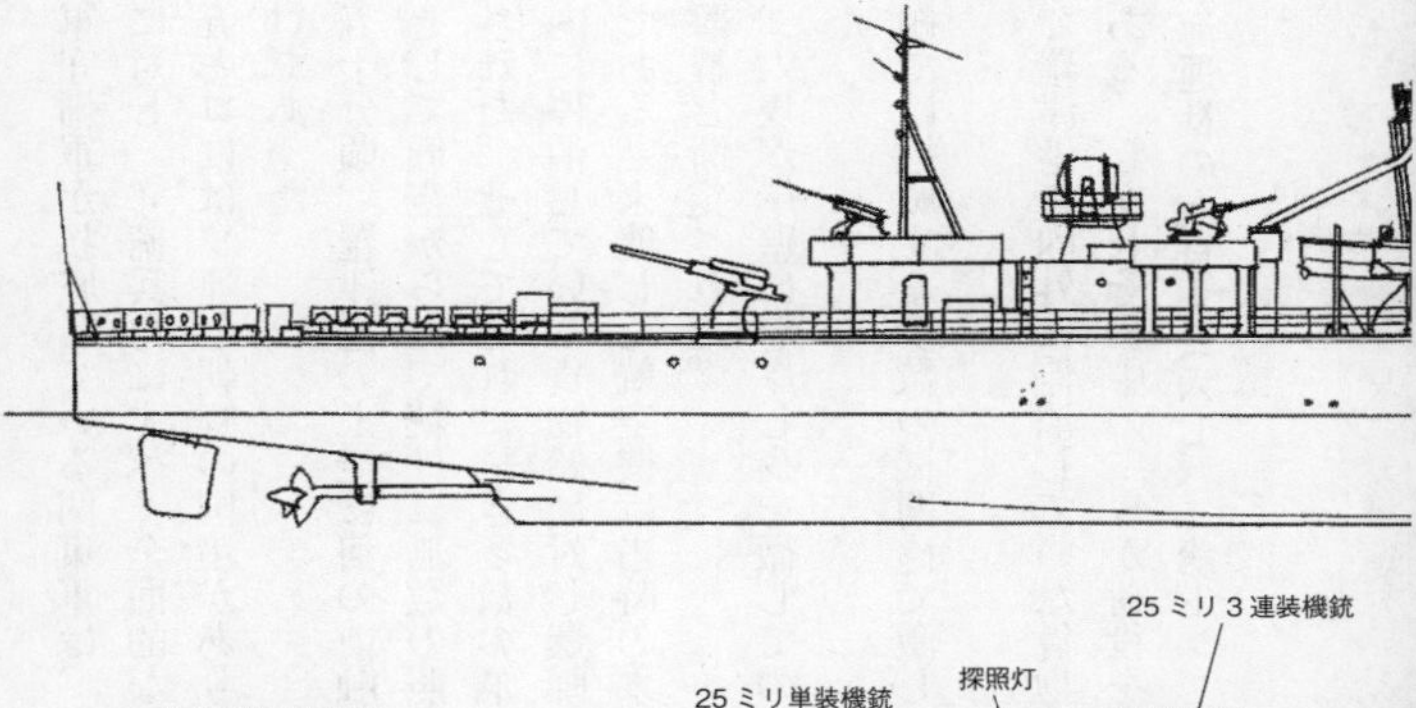

る。このために正規陸軍守備軍が払底している関東軍は、先の速成部隊とともに在満州の邦人成年男子約一五万人に対し、守備兵力にすべく全面的な動員令を発令していた。

羅津港の北わずか三五キロにはソ連と朝鮮の国境があり、羅津港の北にある雄基港などは国境との距離が一五キロであった。

八月八日午後十一時五十分頃、羅津港の上空に何の前触れもなく突然、多数の飛行機の爆音がとどろいたのだ。そして低空からたて続けに無数の照明弾が投下され、羅津港内は照明弾の光の中に照らし出された。そしてそれに続き多数の飛行機が低空で来襲し、夜間も荷積み作業中の貨物船や港内に停泊している貨物船に対し爆弾を投下し、その後低空から機関砲での銃撃が始まったのである。来襲した航空機は当時の乗組員の証言によるとソ連空軍のイリューシンＩℓ２型襲撃機と断定された。

このときの羅津港は、六隻が岸壁に着岸し夜を徹しての荷役中で、七隻が港内堤防の外で荷役待ちの状態であった。

突然の出来事に各船舶では搭載する少数の機関砲で激しく応戦を始め、敵機一、二機を撃墜したとされている。

この夜間の航空攻撃で羅津港の内外に停泊していた貨物船のほとんどが大破し、または浸水により着底したのである。しかしその中の二隻が荷役を中止し直ちに港外への脱出を図った。その二隻とは大同海運社の向日丸（六七八二総トン）と辰馬汽船社の辰春丸（六三四四総トン）である。

向日丸の同型船、戦時標準２Ａ型貨物船

なおこの夜間航空攻撃は雄基港でも展開され、停泊中の全船舶が着底または航行不能の損害を受けた。この二つの港で受けたソ連空軍の航空攻撃による船舶の損害は二九隻に達した。そして日本向けの約一五万トンの貴重な食糧品も失われたのであった。想像外の突然の被害であった。

空襲の中から羅津港を奇跡的に脱出した二隻の貨物船は、そのまま日本の敦賀港と舞鶴港に向かった。このとき二隻はそれぞれ単独で脱出し、朝鮮半島の東岸に沿って日本に向かった。そして結果的にはこの二隻は奇跡的に日本に到着することになったが、このとき羅津港を脱出した向日丸にはもう一つの奇跡に遭遇することになったのだ。脱出翌日の午前、一隻の海防艦（第八二号）が羅津港の緊急事態に対し急遽、脱出船の援護のために羅津港に向かって来たのだ。そしてちょうど南下する向日丸と海防艦が会合する状態になったとき、突如ソ連空軍（海軍航空隊と想定されている）の双発爆撃機の一四機の編隊が二隻に向かって低空から攻撃を仕掛けて来たのだ。これらの機体はすべて魚雷を搭載していた。機体はイリューシンＩℓ４双発爆撃機と想定された。

一四機は二隻の上空で旋回すると、東側から大型船である向日丸に対し一斉に雷撃の姿勢をとり低空で接近して来たのだ。そして次々と魚雷が投下された。このとき向日丸の後方に位置していた海防艦八二号が全速力で向日丸の東側（左舷側）に接近して来たのだ。このとき全敵機は魚雷投下を終えており、魚雷の一本はまさに向日丸の左舷を直撃する状態で迫っていたのだ。

海防艦八二号は向日丸を直撃しようとする魚雷に艦を投げ出すようにして進んだ。その直後、海防艦八二号の左舷舷側で大爆発が起こり、海防艦の姿は海面から姿を消してしまったのだ。

魚雷投下後の敵機は現場上空から去ったが、向日丸は直ちに轟沈した海防艦八二号の沈没位置に戻り生存者の救出を行なったが、助けられた乗組員はわずかであった。

このときの海防艦艦長の判断は永遠に不明であるが、この行動は艦長が貴重な食糧品を搭載した貨物船を救うべく、身を挺して魚雷を受けたものと判断せざるを得ないのである。一つの自己犠牲の悲劇が多くの国民の命を救ったと考えることで、この海防艦艦長に報いたいのである。

海底電線敷設船小笠原丸の沈没

——非道な攻撃で撃沈された避難民輸送船

終戦直後の北海道西岸沖でソ連潜水艦の雷撃により撃沈された船舶がある。その船舶の名前は逓信省所属の小型海底電線敷設船小笠原丸である。このときの犠牲者の数は乗船者の九割に相当する七〇〇名と想定されている。

日本海軍の特設艦船の分類に特設電纜敷設船という特設特務船がある。電纜とは広義の海底電線を表現する海軍用語であるが、逓信省所属の海底電線敷設船は戦時体制下では全船が海軍に徴用され、特設電纜敷設船として位置づけられたのである。

太平洋戦争勃発当時の日本には逓信省所属の幾隻かの海底電線敷設船が在籍したが、その中の一隻に小笠原丸があった。本船はその中でも最も古い船の一隻で、建造されたのは明治三十九年（一九〇六年）六月であった。三菱重工業長崎造船所で建造された本船は、総トン数一四五六トン、全長七二・九メートル、全幅九メートル、主機関は合計最大出力一七八九馬力のレシプロ機関で、二軸推進による最高速力は一三・一ノットであった。本船は日本最初の正式海底電線敷設船で船内には大容量の海底電線収容庫があり、一度に総延長五五六キロメートルの海底電線の敷設が可能であった。

小笠原丸の船体中央部の上部構造物の上には細長い煙突が配置され、船首側マストには一枚の大型横帆が展開できるヤードが配置されており、いかにも初期の蒸気船を思わせる外観をしていた。本船は激しい戦闘の中を生き延び、終戦時には北海道の稚内港に在泊していた。このときの本船の船齢はすでに三六年という老朽船であった。

昭和二十年八月十五日、天皇は終戦の詔勅を発し、八月十八日付で大本営は国内外を問わずすべての陸海軍部隊に対し停戦命令を出した。そして陸海軍の戦闘部隊はこの命令を厳格に守りすべての戦闘行為を終えた。

しかし日本の領土であった樺太では状況が異なっていた。ソ連軍は八月十八日以降も戦闘を続け、日本領土であった南部樺太の各地の海岸から陸軍部隊を上陸させ、さらに南北樺太の国境線を超えてソ連軍の部隊が日本領土内に武力侵入して来たのだ。この状況に樺太居住の日本人民間人は大混乱となり、一斉に樺太南部へ避難を開始したのである。そしてこの間に日本守備隊からは連絡将校をソ連軍に派遣し、日本はすでに停戦しておりこれに応じる折衝に向かったのだ。しかしソ連側はこの連絡将校を射殺するという暴挙に出て、さらに武力による南樺太への侵入を続けたのであった。

この緊迫した状況に対し、日本側は南樺太の港に避難民輸送のための緊急船舶の派遣を決断し、幾隻かの船を大泊港などに派遣したのだ。南樺太の港では避難船に向かって無数の避

小笠原丸

難民が押し寄せ大混乱となっていた。

十分とはいえない数の船は多種類にわたった。稚泊連絡航路の連絡船は勿論、貨物船、そして海軍の特設艦船、さらに稚内港に停泊していた小笠原丸も、避難民の輸送のために急遽大泊港へ向かったのである。但しこのとき小笠原丸に対する出港指令は逓信省からで、大泊港に避難待機している逓信省関係者（郵便局や電話局勤務の職員とその家族）の輸送であった。

小笠原丸は命令を受けると直ちに出港し樺太の大泊港に向かい、八月十八日の早朝には同港に到着した。小笠原丸は集まっている逓信省関係者の乗船を開始したが、岸壁に集まる無数の避難民を放置して出港するわけにはいかず、可能な限りの避難民の乗船も許可したのであった。ただこのとき乗船したのは老齢者や婦人や子供を優先としていた。そして小型の小笠原丸には推定一五〇〇名という多数の避難民が乗船することになった（このときの正確な乗船者数は不明である）。大泊港と稚内港の間は低速の小笠原丸でも所要時間は一〇時間以内であり、あふれんばかりの避難民の乗船者たちも我慢のできる範囲内であった。

稚内港に到着し避難民を降ろした小笠原丸は再び大泊港に向か

い、無数の避難民の輸送を行なうことになった。

そして再び、あふれんばかりの避難民を乗せた小笠原丸は八月二十一日昼前に稚内港に到着し避難民を降ろした。しかし小笠原丸の避難民輸送はここまでで、逓信省の次の指令に従い、避難民を降ろした後に小樽港に直行することになったのである。

小笠原丸のこの行動予定に、樺太から乗船した避難民の半数はそのまま小樽までの便乗を強く希望、船長はその願いを受け入れ半数の避難民を稚内で降ろし、八月二十一日遅く小樽港に向かって出港した。

このとき小笠原丸には乗組員六〇名と逓信省職員九九名、そして避難民の高齢者や婦人、子供など推定六〇〇名の推定合計七六〇名が乗船していた。

八月二十二日午前四時二十分、小笠原丸が北海道西岸の留萌の南隣の増毛村の沖合約一〇キロの位置に達したとき、突然ソ連潜水艦が小笠原丸に魚雷を発射したのだ。

このときの状況はまったく偶然にも、陸上から望見されていたのであった。このとき増毛村の海岸の高台には海上監視所が設けられており、当時まだ配置についていた監視員の一人の双眼鏡の中に、南に進む一隻の船の姿をとらえていた。そして同船の右舷船尾の後方に潜水艦の司令塔らしきものを認めたのである。その直後に視界の中の船の右舷に大きな水柱が立ち上るのが確認された。しばらく後に沖のその方角から鈍い爆発音が響いて来たのであった。まもなくその船の姿は海面から没していた。

この船こそ小笠原丸であったのだ。このとき船齢三九年の小型の船にとっては一本の魚雷の爆発は致命的であった。

監視所からの通報により、さらに海岸に泳ぎ着いた遭難者の話から地元漁民たちは手漕ぎの船を沖に向かわせ遭難者の救助を続けたが、周辺の海面には無数の犠牲者の遺骸が浮かび、また無数の様々な破片が浮かんでいたのだ。そして生存し救助された遭難者の数はわずかであった。小笠原丸の無慈悲な遭難による犠牲者の数は推定七〇〇名とされている。

戦争が終わったというのに起きたまったくの想定外の遭難事件であったのだ。しかし事件はこれだけでは終わらなかったのだ。

八月二十日から八月二十四日までの間に同じような状況で、主に避難民を乗せた船舶が北海道周辺の海域で六隻も、ソ連海軍と想定される潜水艦の雷撃などで撃沈されているのである。その犠牲者の総数は一七〇〇名以上に達した。

小笠原丸が撃沈された同じ日の朝、留萌沖の海上で、小型客船泰東丸（東亜海運社：八七七総トン）が、浮上した潜水艦の砲撃で撃沈されたのである。このとき同船には乗組員と避難民七八〇名が乗船していたが、救助されたのはわずかに一〇名に過ぎなかった。

戦争は終結したはずなのに海の悲劇はまだ続いていたのであった。

アメリカ海軍

四本煙突の米駆逐艦ピルスバリー

——生存者ゼロ。戦後に判明した撃沈の真相

駆逐艦ピルスバリーは、第一次大戦中の一九一七年から戦後の一九二一年にかけて合計二七〇隻が建造された米海軍最初のマスプロ艦艇の一隻で、平甲板型で四本煙突のその姿から、通称「フラッシュデッカー」あるいは「フォアスタッカー」と呼ばれていた。そしてアメリカが第二次大戦に参戦したときもまだ七〇隻の本級艦が現役にあり、後方支援の駆逐艦や掃海艇などとして運用されていた。

駆逐艦ピルスバリーは一九二〇年（大正九年）十二月に竣工したが、竣工直後からフィリピンのキャビテ軍港に拠点を持つ米海軍アジア艦隊に配属された。太平洋戦争勃発当時の米海軍アジア艦隊には、旗艦の重巡洋艦ヒューストン以下、軽巡洋艦ボイス、マーブルヘッド、水上機母艦ラングレー、そして数隻の駆逐艦が在籍し、ピルスバリーもその一艦であった。

日本軍の侵攻は急を告げ、米アジア艦隊の全艦艇も昭和十六年の十二月末までにはジャワ島のスラバヤまで後退していた。この地にはオランダ領東インド海軍の軽巡洋艦と駆逐艦か

らなる主力艦隊や、イギリス東洋艦隊の重巡洋艦エグゼターも集結していた。

その後翌昭和十七年二月末までの間に、日本艦隊とこれら三ヵ国連合艦隊との間でジャワ沖海戦やスラバヤ沖海戦が展開され、連合艦隊はほぼ壊滅状態となり、残存艦艇も米英蘭の陸軍部隊もジャワ島南岸のチラチャップ港に退却、集結し、各種の艦艇や大小の船舶を使いオーストラリアやインド方面への脱出を図っていた。

すでにジャワ島の隣のバリ島に進出し基地を開いていた海軍第二十二航空戦隊所属の水上偵察機が、バリ島の南西約三四〇キロを進む軽巡洋艦一隻と、その南約一八〇キロを進む駆逐艦二隻を発見したのだ。

この報に第二艦隊は直ちに三隻の重巡洋艦（高雄、愛宕、摩耶）と二隻の駆逐艦を向かわせた。そして重巡洋艦「高雄」と「愛宕」を一隻の軽巡洋艦に向かわせ、重巡洋艦「摩耶」と二隻の駆逐艦を二隻の駆逐艦攻撃に向かわせたのであった。

このとき水上偵察機が軽巡洋艦と報告したのは実際は駆逐艦ピルスバリーであった。間違いの理由は、当時残存していたはずの米軽巡洋艦マーブルヘッドが四本煙突のオマハ級軽巡洋艦で、一方のピルスバリーも四本煙突の駆逐艦であり、遠方からの判断で同艦を軽巡洋艦マーブルヘッドと思い込んだためであったのだ。

三月二日の午後十時頃、重巡洋艦「愛宕」が敵艦影を発見した。その間、その艦からは日本の重巡洋艦に対し盛んに何らかの発光信号を送ってよこしていたが、敵艦は「愛宕」を味方艦と勘違いした様子でこちら側に接近して来るのであった。

（上）フラッシュデッカー型駆逐艦、（下）マーブルヘッド

その直後、二隻の重巡洋艦からその正体不明の艦に対し二〇センチ主砲が連射された。相手艦がこちらを日本艦艇と認識したときにはすでに遅すぎた。ピルスバリーは四門の一〇センチ砲で反撃して来た。日本側は主砲以外に一二センチ高角砲も連射し、これに応えたのだ。相手艦は艦全体が猛烈な火炎に包まれ、砲撃開始二〇分後にはその姿は波間から消えていた。そして同時に二隻の日本重巡洋艦も同海域から引きあげたのである。戦闘が展開された地点はジャワ島の南約三〇〇キロの海域であった。

日本側はこの戦闘で撃沈した相手軍艦は軽巡洋艦マーブルヘッドと思い込んでいたが、実際はより小型の駆逐艦ピルスバリーであったのである。戦後に行なわれた本海戦の双方の戦闘照合で、双方はこの艦が駆逐艦ピルスバリーであることを確認したのである。そして米軍側は駆逐艦ピルスバリーの最後をこのとき初めて知ることになったが、同艦の乗組員約一五〇名は全滅となっていたのである。

宗谷海峡通過ならず

――武勲の米潜水艦ワフーの最後

米海軍は第二次大戦中に合計五二隻の潜水艦を失ったが、その中の五〇隻は太平洋戦域での喪失であった。ただこの中には海難事故や戦闘中の行方不明も含まれており、実際に日本の攻撃で撃沈された潜水艦の数は四六隻なのである。

日本側の対潜水艦戦闘の記録には、「撃沈確実」とする記述が多く見られ、これらを総合すると優に八〇隻以上を撃沈していたことになる。しかし戦後に行なわれた日本側とアメリカ側の戦闘記録の調査では、その多くの場合は撃沈どころか多少の損傷を受けてはいるが無事に作戦を継続している例が多いのである。その理由は、日本側の「潜水艦撃沈」という記述の多くに、「爆雷投下後周辺の海面に重油が浮き上がって来た」ことを撃沈確実とする、安易な判断結果が多いためなのである。

潜水艦を確実に撃沈した証としては、当然ながら「おびただしい燃料油の海面への浮上」「潜水艦内部の大量の部品や装備品および乗組員の遺体の浮上」、さらには船体の破壊によって生じる「大量の気泡の海面への浮上」「水中聴音器による艦体の圧壊音の聴取」などがある。つまり、ただ重油が海面に浮上しただけでは、単に「燃料タンク外壁に多少の損傷が生じ燃料の一部が漏れ出した」だけの場合が多く、その後の作戦には支障がないことになるのである。

ただ米海軍潜水艦の喪失事例の中には事故とも撃沈されたとも判断しにくい、面白い喪失の事例が存在する。つまり「自分が発射した魚雷で自艦を撃沈した」という稀有の事例である。その一つに東シナ海で起きた事例がある。潜水艦タングは日本の輸送船に向けて二本の魚雷を発射したが、その一発が発射後突然に左に大きく旋回し自艦タングの艦尾に命中し、自らを撃沈した喜劇とも悲劇とも受け取れる事例がある。恐らく発射した魚雷のジャイロと舵装置に何らかの故障が生じたのであろう。

米海軍は太平洋戦争が勃発した時点では、太平洋戦域で作戦可能な潜水艦はわずか四〇隻を保有するのみであった。この数は戦争勃発当時の米太平洋艦隊の潜水艦隊の拠点基地であったハワイの真珠湾を起点にすると、修理、休養、作戦海域への往復行程途上の潜水艦を除くと、日本の艦船の攻撃に向けられる潜水艦の数は十数隻程度となり、広大な戦域での充実した潜水艦作戦を展開することは不可能に近かった。

さらに当時の米潜水艦隊は作戦を十分に遂行できないもう一つの問題を抱えていたのだ。それは魚雷の性能不良という根本的問題のためであった。性能不良の原因は魚雷の深度維持、直進性、起爆装置などに問題が多発し、魚雷を発射しても目標を確実に撃沈できるという保証がなかったことであった。

米海軍は戦争勃発直後からこの二つの問題に直面したが、量産型潜水艦の至急の建造と魚雷の性能改善に対する努力が実り、昭和十八年五月ころより安定した潜水艦作戦が展開できるようになった。

ここでいう量産型潜水艦とはガトー級潜水艦で、一九四〇年末から完成を見ることになり、一九四二年後半頃から順調な建造が続けられ、以後戦争終結までに合計一九五隻が完成するという大量建造が行なわれた艦であった。このガトー級潜水艦の完成により米太平洋艦隊の潜水艦隊は作戦海域に常時四〇隻の潜水艦の投入が可能になった。その結果、昭和十八年後半から日本の艦船の雷撃による喪失は急激に増加することになったのであった。

これにともない米潜水艦隊は日本の戦略物資輸送の大動脈である東シナ海および南シナ海での艦船攻撃ばかりでなく、日本沿岸での潜水艦作戦も強化し、さらに防衛が厳重であるはずの宗谷海峡や津軽海峡を突破して日本海に侵入し、不安なく航行していた日本の商船や連絡船を撃沈する事態となったのである。

事実米海軍の潜水艦は昭和十八年以降、四回の日本海潜入に成功していた。ここで紹介するワフー（Wafoo）はガトー級量産型潜水艦の二七番艦で、一九四二年十月に完成し直ちに太平洋艦隊に配属された艦である。

米潜水艦の場合、艦が就役時の艦長がその後長くその艦長を務めることが慣例となっている。そのために艦の戦歴イコール当該艦の艦長の戦歴として記録されるのである。ワフーの艦長D・W・モートン海軍中佐は本艦の就役以来の艦長を務めており、真珠湾からの最後の航海である第六回目の航海までの戦果は日本商船撃沈二〇隻（約六万総トン）という、米潜水艦艦長の中でもエース級であり、同時にワフー自体も輝かしい戦歴を持つ潜水艦であった。

ワフーが七回目の作戦行動のために真珠湾基地を出撃したのは昭和十八年（一九四三年）九月九日であった。モートン艦長はこの航海で禁断の日本海への潜入を計画していたのだ。そして九月二十日の夜間に宗谷海峡を突破し、日本海に潜入したのだ。宗谷海峡は平均的に水深が六〇〜一〇〇メートルと浅く、潜航での突破には多くの危険をともなうものであった。このときワフーがどのようにして監視が厳重で危険な宗谷海峡を突破したのかは不明である。

そして日本海での哨戒を続ける中で、十月五日には対馬海峡北部で日本国有鉄道の高速関釜連絡船崑崙丸（七九〇八総トン）を撃沈した。この船はこの年の七月に完成したばかりの優秀船で、これにより乗客・乗組員合計五四四名が犠牲になった。

ワフーは崑崙丸を撃沈した翌日には、貨物船（一三〇〇総トン）一隻を沈め、警戒の厳しくなった日本海を脱出する計画であったようである。そして脱出も再び宗谷海峡を強行突破する計画だった。

当時の宗谷海峡の防衛のために日本海軍は要所に防潜網と機雷堰を設け、北海道と樺太の両岬には海岸砲を配置していた。また稚内には海軍大湊航空隊の分遣隊の対潜哨戒機（水上偵察機）複数機を配置、さらに同じく駆潜艇や駆潜特務艇を装備した大湊防備隊の分遣隊を配置していた。

ワフー

昭和十八年十月十一日午前、ワフーは日本海における作戦を切り上げ、宗谷海峡突破のために海峡を西から東に向かって進んでいた。このときワフーはセール（司令塔）のみを浮上させ半没の状態で進んでいた。この様子を稚内側の岬の監視所と砲台が発見したのだ。海岸砲は直ちに砲撃を開始したが潜水艦はたちまち潜航を開始した。この知らせを受けた大湊航空隊分遣隊の爆雷を搭載した水上偵察機一機は、出撃した直後に上空から潜水艦の司令塔らしきものを発見、直ちにこれに向けて爆雷一個を投下した。そして旋回後、再び司令塔とおぼしき目標に向けて爆雷一個を投下した。

この二発の爆雷攻撃の直後に、潜航している潜水艦の位置と思われる個所から大量の油と気泡が海面に浮かび上がってくるのが視認された。その直後、遅れて飛来したもう一機の水上偵察機が爆雷を投下した。その結果、海面に浮かび上がる油の量はさらに大量になって来たのだ。

やがて稚内港を緊急出港した駆潜艇が現場海域に現われたので、水上偵察機は敵潜水艦の潜んでいると想定される位置に駆潜艇を誘導したのだ。この駆潜艇は水中探信儀を装備していなかったが、水中聴音器に反応する敵潜水艦の騒音と海面に湧き上がる油を目標に、周辺海域に合計六三個の爆雷を投下したのだ。

この攻撃で海面に湧き上がる油の量はさらに増し、海面の油帯は幅約六〇メートル、長さ約六キロにわたっていた。日本側はこの結果を「敵潜水艦撃沈確実」として記録した。戦後の照合による米軍側のこのときの状況は次のように記録されていた。ワフーからの連絡は十月十一日以降まったく途絶えた、ということである。ワフーの撃沈は確実なものであったのだ。

ワフー側から見れば、このときの日本側の爆雷攻撃は恐怖そのものであったに違いない。最深部でも一〇〇メートルの海域では艦の水面下での旋回も潜航の自由もままならず、駆潜艇からの爆雷だけでも遠近合計六三発の爆雷攻撃を受けており、爆圧で破壊された艦舷側からの浸水は艦の浮上の自由も奪ったであろう。乗組員の恐怖は頂点に達していたと想像されるのである。

米潜水艦シーウルフの災難

——味方によって撃沈された歴戦の潜水艦

米潜水艦シーウルフは味方の潜水艦や対潜哨戒機の立て続けの攻撃により撃沈された、まさに悲劇の潜水艦である。混乱する戦場では得てして起こりうる誤認の結果である。第二次大戦中に潜水艦が味方の攻撃を受けて撃沈された例は、確認されているものだけでも数例あるが、ほとんどは大西洋戦域での例である。しかし太平洋戦域でも一例だけ確認されている。

米海軍の潜水艦シーウルフは、太平洋戦争勃発当時から米太平洋艦隊の潜水艦隊に属する古強者で、戦争勃発当時はフィリピンのスービック海軍基地に配置されていた。同艦は失われるまでに日本の艦船一八隻（七万一六一〇トン）を撃沈し、米海軍潜水艦の撃沈記録では第九位に位置していたエース潜水艦であった。

シーウルフは量産型のガトー級潜水艦以前に量産された「新S型級」と呼称される潜水艦で、一九三七年から一九四〇年までに一七隻が建造された。同級の中にはスカルピン、ソードフィッシュ、シーライオンなどのエース級戦歴を持つ潜水艦が含まれている。

本級潜水艦は基準排水量一四三五トン（水上）、ディーゼル・エレクトリック機関で二軸推進し、水上最高速力二一ノットを出し、魚雷発射管八門（魚雷二四本）を装備していた。本艦は量産型のガトー級潜水艦の設計母体となった潜水艦でもあった。

昭和十九年十月から展開されるフィリピン攻略戦を前にして、米軍は様々な事前工作をフィリピン人のゲリラグループ集団を相手に展開していた。それは武器や通信機などの各種装備品の送り込み、そしてときにはゲリラのリーダーともなる米軍将兵の派遣であった。

昭和十九年九月、オーストラリアのブリスベーンに基地を置く米太平洋艦隊の潜水艦隊の分遣隊に対し、一つの特別命令が出された。このときこの特別命令を実行する潜水艦として選ばれたのがシーウルフであった。

命令の内容は、フィリピンのサマール島（レイテ島の北に隣接する島）の親米ゲリラに対し、ゲリラを指揮する一七名の特別任務の米陸軍将兵を送り込む、というものであった。これはレイテ島上陸作戦を円滑に展開するための事前の準備であった。すでにこのゲリラに対しては夜間に乗じ、潜水艦で相当量の武器・弾薬、最新型の通信装置や糧秣などが送り込まれていた。

シーウルフはこの特殊任務の米陸軍将兵一七名を乗せ、サマール島の東方より上陸を指定された海岸に向けて潜航しながら接近していた。じつはまったく同じ海域でこの日より数日前に日本の潜水艦呂四一号が、偵察行動中の米海軍の護衛駆逐艦を雷撃するという事態が発生していた。この駆逐艦はかろうじて沈没はまぬかれたが、大破する損害を受けていた。

シーウルフ

この日、サマール島の東方洋上には数隻の護衛空母が行動中で、各艦からは各数機の対潜哨戒機が飛び立ち周辺の海域を哨戒中であった。そしてその中の一機が海面直下を潜航しながら航行するシーウルフを発見したのだ。同じ海域では直前に米護衛駆逐艦が日本の潜水艦に雷撃されるという事態が起きていただけに、この哨戒機は潜航中のシーウルフを日本の潜水艦と思い、直ちに搭載していた爆雷を海面直下を進む潜水艦に対し投下し、さらにその潜水艦の位置や予想される針路を示すマーカーも投下したのである。そして護衛空母を援護している護衛駆逐艦に対し事態を急報したのであった。

このときシーウルフ側は、日本の駆逐艦あるいは駆潜艇に発見され爆雷攻撃を受けたものと勘違いした可能性はあった。シーウルフはそのまま潜航し、目的地へ向けて進んだのである。

知らせを受けた数隻の護衛駆逐艦は現場海域に到着すると、上空の哨戒機の誘導を受けながら直ちにソナーにより潜航している潜水艦の探索を開始した。誘導された駆逐艦は間もなく目標を発見し、直ちに艦首に装備されたヘッジホッグ（前投式小型爆雷）を発射した。そして確定された潜水艦の潜航位置に対し本格的な爆雷攻撃を開始したのだ。

その直後、駆逐艦の通信室では目標の潜水艦が発信したものと思われる、判読不明の信号を探知したのである。しかし駆逐艦側ではその潜水艦が米軍潜水艦を装いメチャクチャな信号を送信して来たものと判断し、さらに爆雷攻撃を続けたのだ。おそらくシーウルフ側は爆雷攻撃して来たのが味方の艦艇であると判断し、味方である意思表示をしたのであろうが、すでに船体は激しく破壊され浮上不可能になっていたと思われるのである。

その直後、駆逐艦の聴音器には海底から潜水艦が水中で破壊するときに生じる圧壊音が伝わってきた。そして海面には大量の気泡や同時に無数の残骸が浮上してきたのだ。駆逐艦側は日本の潜水艦を撃沈したと判断したのだが、その直後に驚愕の事実を知ったのだ。サマール島に送り込んだシーウルフが現地に未着であるという現地からの連絡とともに、シーウルフからの連絡も突然、途絶えたのである。途絶えた海域はまさに駆逐艦が「敵潜水艦一隻を撃沈した」と報じてよこした海域なのである。

シーウルフ行方不明に対する捜索が直ちに開始されたが、回収された海面の浮遊物の多くが米海軍潜水艦の部品などと同じであることが判明、シーウルフは同士討ちで撃沈されたものと結論づけられたのであった。

しかしこの事件では、攻撃した護衛駆逐艦の艦長は「明らかに誤認する条件は存在したが攻撃精神旺盛」という判断のもとに、査問委員会では無罪の判定を受けたのであった。

命中撃沈の悲喜劇
——みずから発射した魚雷に沈められた米潜水艦タング

米潜水艦タングの沈没（撃沈）は悲劇というよりも、むしろ喜劇というべきものである。タングは米海軍の量産型潜水艦であるガトー級潜水艦の九五番艦として一九四三年十月に完成した。そして完成直後には早くも米太平洋艦隊の潜水艦隊に配属された。

ガトー級潜水艦は第二次大戦中に合計一一九五隻も建造された、まさに量産型潜水艦である。基準排水量一五二五トン（水上）、水上最高速力二〇・三ノット、最大安全潜航深度一二〇メートル、魚雷発射管一〇門（艦首六門、艦尾四門）という優秀潜水艦で、乗組員の総数は艦長以下八〇名で艦長は中佐または少佐がその任にあたった。

タングは完成後の訓練を終え、一九四四年（昭和十九年）四月より実戦に配備となった。任務は中西部太平洋方面における日本艦船の攻撃である。本艦の艦長は艦が就役以来変わらず、リチャード・オカーン少佐であった。彼は一九四四年九月に彼の第四回目の作戦任務についた。今回の作戦海域は南シナ海から東シナ海にかけての海域で、目標は日本輸送船団と艦艇の攻撃であった。彼はこれまでの三回の作戦行動で二二隻（約八万総トン）の日本商船を撃沈しており、早くも米太平洋艦隊潜水艦隊の中でも際立った撃沈記録保持者になっていた。

昭和十九年十月二十五日、タングは中国南部の厦門沖で哨戒中であった。そのとき彼は日本からシンガポールとボルネオに石油を引き取りに向かう一三隻の油槽船主体の船団（ミ二三船団）を発見した。この船団には護衛のために駆逐艦二隻と海防艦五隻が随伴していた。強力な護衛である。

タングは船団を狙う絶好の射点に先回りすると、船団の中の接近している二隻の輸送船に向けて六本の魚雷を発射した。魚雷は見事に目標に命中し、一隻を撃沈したが一隻は撃沈には至らなかった。

このときタングは日本の海防艦（海防艦三四号）に発見されたのだ。タングは直ちに潜航深度を深め逃走に入ったが、同艦の執拗な爆雷攻撃に遭遇した。しかしタングはその後、幸運にも危地を脱することができた。

爆雷攻撃が終わった時点でタングは、再び潜望鏡深度まで浮上し周囲を捜索した。そのとき視界に先に攻撃し大破させた輸送船一隻（日本郵船社・松本丸）を発見した。艦長はとどめを刺すために艦を浮上させ、残っていた二本の魚雷を前部発射管から目標に対し発射した。

二本の魚雷は時間差を置いて発射された、そのとき一本の魚雷が発射管から発射されると突然、イルカのように海面上をジャンプし始めたのだ。その直後からその魚雷は左方向に円

タング

を描くように旋回を始めたのだ。しかもその旋回円周の先には、何とタング自身が位置しているではないか。そのままの状態ではその魚雷は艦に命中することになる。オカーン艦長は仰天した。魚雷の標的はその魚雷を発射したタングそのものなのである。

彼は魚雷を避けるために急ぎ潜航を命じたが遅すぎた。魚雷は迷うことなくタングの艦尾左舷に命中し爆発したのだ。このときタングの司令塔の頂部にはオカーン艦長を含め四名の士官および見張員がいたが、全員が魚雷爆発の衝撃で海上に跳ね飛ばされた（後に全員が海防艦三四号に救助された）。

一方タングは急速に沈下を始めていた。このとき魚雷爆発により艦後部の機関室は壊滅していた模様である。艦の前部では前部蓄電池室が衝撃で破壊され、火災が発生していた。このとき前部の非常脱出口から八名の乗組員がかろうじて脱出したが。タングが沈没した海域の水深はわずかに四〇メートル程度の極端な浅海であった。このために艦は着底した後でも乗組員の一部ではあるが脱出できたわけである。

海防艦三四号に救助されたタングの乗組員はその後日本軍の捕虜となったが、翌年の終戦により全員無事に帰国することができた。

タングは自らの魚雷に撃沈され約七〇名の人的損害を出したが、結果的には最後の二隻の撃沈戦果が認められ、撃沈記録二四隻（九万三八二四トン）を記録し、米海軍潜水艦第一位の撃沈記録保持者となった。

日本海軍が沈めた最後の正規米空母

――一発の爆弾が引き起こした驚くべきプリンストンの損害

米軽航空母艦プリンストンは日本海軍が最後に撃沈した、米海軍の五隻目の正規航空母艦であるが、その最後の様相は悲劇的に過ぎた。

インデペンデンス級航空母艦はクリーブランド級軽巡洋艦の船体を母体にし、その上に格納庫や飛行甲板を載せた応急建造ではあるが、正規の航空母艦で合計九隻が建造され、すべて一九四三年中に完成した。

米海軍は一九四二年中に正規航空母艦のレキシントン、ヨークタウン、ワスプ、ホーネットの四隻を、日本海軍の航空機や潜水艦の攻撃でたて続けに失った。そして一時期は残る正規大型航空母艦のサラトガとエンタープライズも損傷し、実働航空母艦戦力がゼロという緊急事態も出来した。この頃すでにエセックス級正規大型航空母艦は大量建造中であったが、これらの完成そして就役は一九四三年中頃になる予定であり、米海軍は完全に航空母艦が払底する危機を迎えたのであった。

この事態を急遽打開するために考え出されたのが、急速建造中の一部のクリーブランド級軽巡洋艦の船体を使い航空母艦に短期間で改造する案であった。米海軍の動きは早く、早速改造工事が始まった。そして計画された九隻の軽空母のすべてが一九四三年中に完成することになったのだ。そして見事に航空母艦の絶対的不足というピンチを救ったのである（この他に、当時建造が進められていた商船の船体を母体にした護衛空母の中で、T２型規格型油槽船の船体を母体にして完成したサンガモン級大型護衛空母四隻も完成し、正規大型空母の不足を補った）。

軽空母プリンストンはインデペンデンス級軽航空母艦の二番艦として、一九四三年三月に完成した。

（注）米海軍の航空母艦の名称には、基本的にはアメリカの独立戦争や南北戦争あるいは太平洋戦争の激戦地の名前が採用されている。プリンストンとはアメリカのニュージャージー州にある地名で、アメリカ独立戦争時、アメリカ義勇軍側が初めてイギリス軍に勝利をした激戦地で、アメリカ人にとっては記念すべき特別な地名なのである。このために軽空母プリンストンが失われた後に、同じ艦名がエセックス級の空母にも再び採用されている。

インデペンデンス級軽空母の最初の実戦参加は、一九四三年（昭和十八年）八月三十一日に展開された中部太平洋のマーカス島（南鳥島）に対する攻撃であった。この攻撃にはエセ

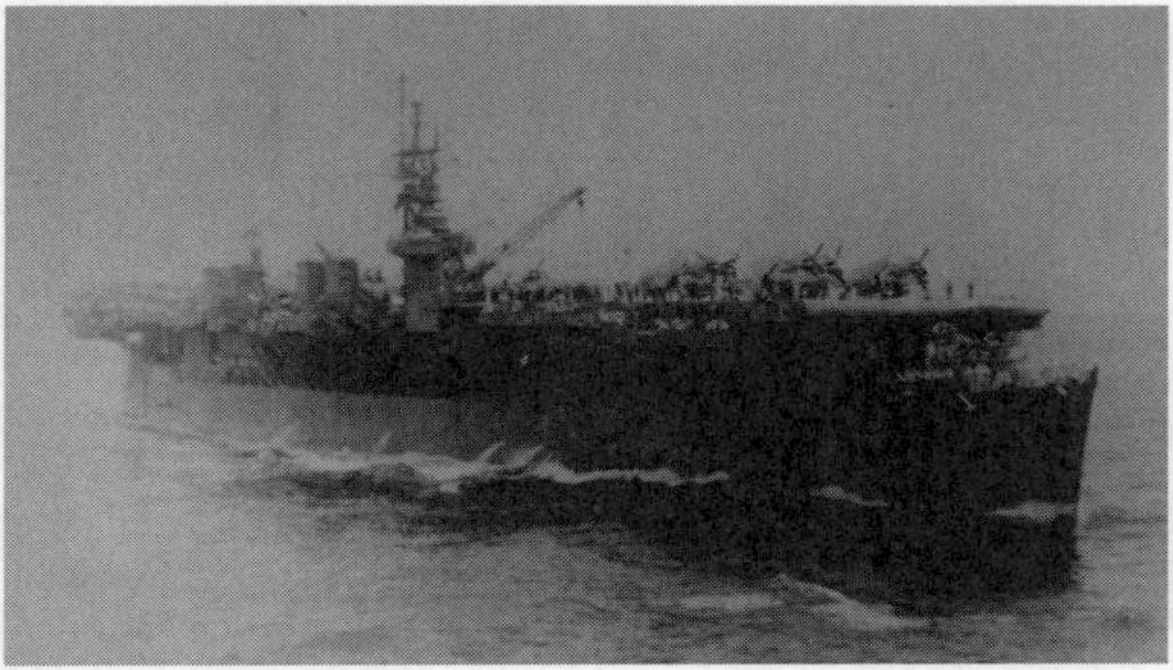

プリンストン

ックス級大型空母二隻（エセックス、ヨークタウン）とインデペンデンス級軽空母一隻（インデペンデンス）が投入された。

またその翌日の九月一日には別働隊のインデペンデンス級軽空母二隻（プリンストン、ベローウッド）がギルバート諸島のベーカー島を攻撃している。この二つの航空攻撃で初めて最新鋭の米艦上戦闘機グラマンF6Fが実戦に投入されている。そしてこの作戦が軽空母プリンストンの初出撃であった。

これ以後続々と完成するエセックス級大型空母とインデペンデンス級軽空母は、三〜四隻（エセックス級二隻とインデペンデンス級二隻、あるいはエセックス級一隻とインデペンデンス級二隻）で機動部隊を編成し、それらの集団で太平洋戦域での米海軍機動部隊の反攻作戦を展開することになったのである。

一九四四年（昭和十九年）六月に展開されたマリアナ沖海戦での米海軍機動部隊の戦力は、エセックス級大型空母七隻とインデペンデンス級軽空母八隻の合計一五隻

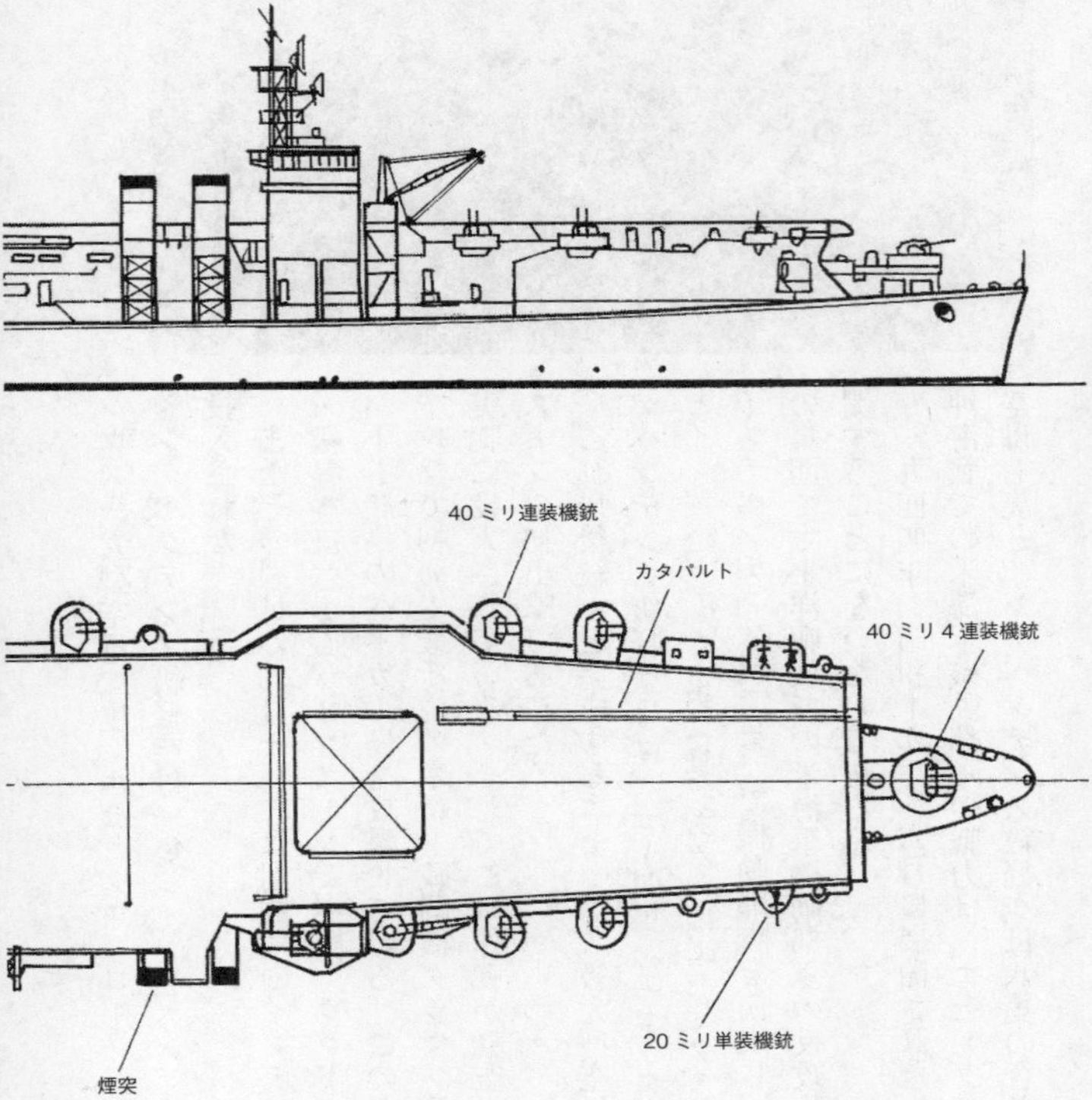
40ミリ連装機銃
カタパルト
40ミリ4連装機銃
20ミリ単装機銃
煙突

第10図　インデペンデンス級軽航空母艦プリンストン

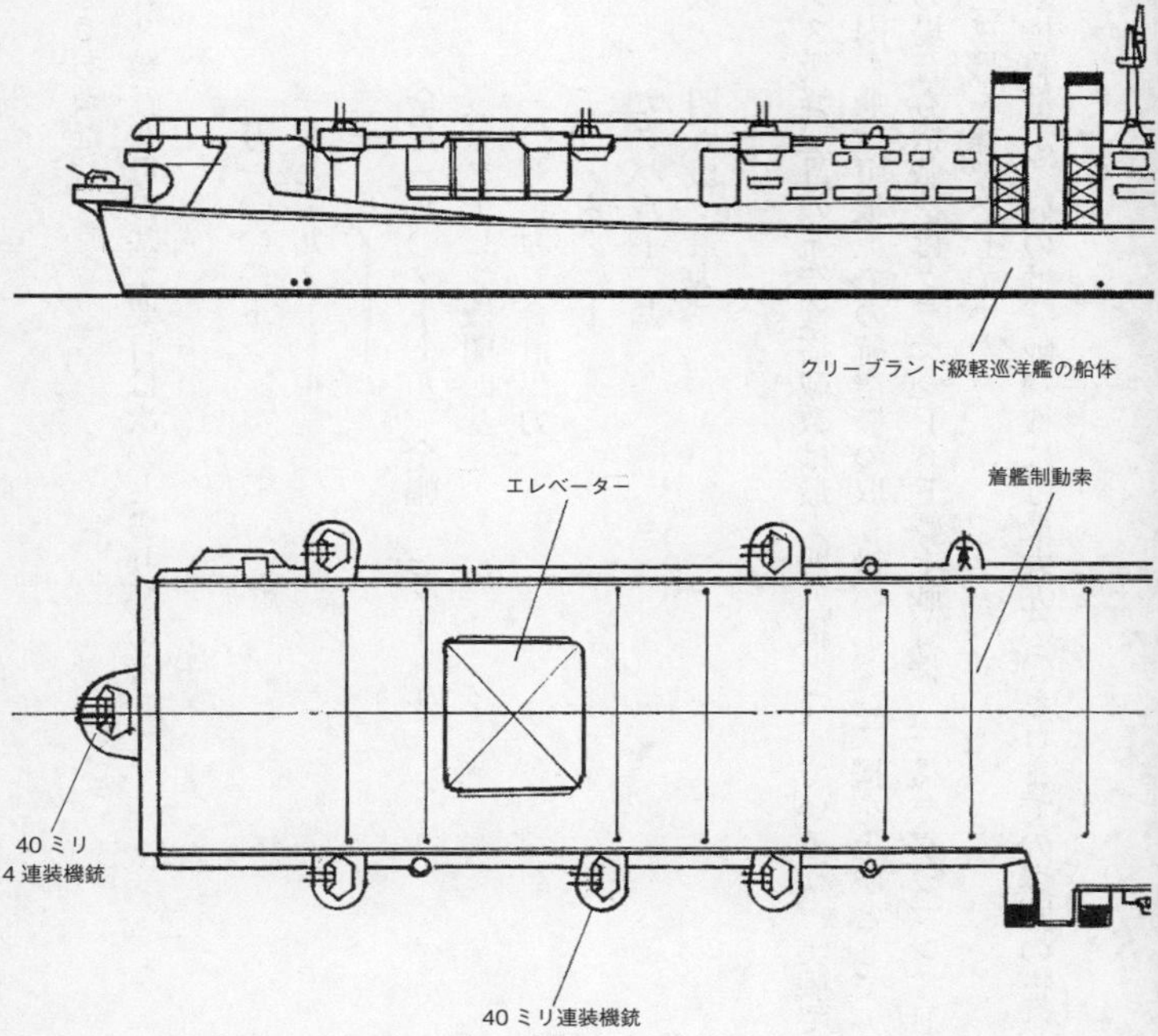

という大機動部隊であった。
インデペンデンス級軽空母の基本要目は次のとおりである

基準排水量	一万一〇〇〇トン
全長	一八九・九メートル
全幅	二一・八メートル
飛行甲板寸法	全長一八〇メートル、全幅三三メートル
主機関	蒸気タービン機関四基
最大出力	一〇万馬力（合計出力）
最高速力	三一・六ノット
装備	カタパルト二基
搭載航空機数	四五機（最大）

インデペンデンス級軽空母の航空機搭載数は最大四五機となっているが、実戦では航空機の大型化や格納庫内や飛行甲板上での航空機の取り扱い上、三二機を上限としていた。実際にプリンストンの場合も搭載機はグラマンF６F艦上戦闘機二三機、グラマンTBM艦上雷撃機九機の合計三二機を標準としていた。

ここで戦闘機の搭載量が多いのは、戦闘機には最大九〇〇キロまでの爆弾の搭載が可能で、

彗星

攻撃機としても活用できたために、搭載航空機の運用効率を上げるために、この大型戦闘機を艦上爆撃機の代用として搭載量を多くしたのであった。

昭和十九年年十月より展開されたフィリピンのレイテ島上陸作戦時には、プリンストンは米第五八機動部隊の一隊（第三八任務部隊）として参戦し、日本機邀撃やレイテ島や他の島嶼に対する航空攻撃を展開していた。

十月二十四日、プリンストンはフィリピン・ルソン島の東、マニラから東北東約二八〇キロの海上で、他の空母群とともにルソン島の日本軍航空基地などの攻撃のための作戦行動を展開していた。

当時、ルソン島のマバラカット基地などには日本海軍航空隊の艦上爆撃機などが展開していた。この日、艦上爆撃機彗星一二機は、各機二五〇キロ爆弾一発を搭載し、周辺海域の索敵・攻撃活動を展開していた。その中の一機と思われる彗星が眼下に敵航空母艦を発見したのだ。

彗星は断雲に紛れながらその航空母艦の上空に達すると、突然急降下し目標の航空母艦に爆弾を命中させたのであった。

この彗星は不思議にも事前に発見されることなく、急降下中も一発の対空射撃を受けることがなく、爆弾を投下するとたちまち去ってしまったのである。目標となった航空母艦はプリンストンであった。

投下された爆弾はプリンストンの飛行甲板後部に命中すると、飛行甲板を貫通しその下の格納庫甲板で爆発したのだ。このとき格納庫内では攻撃準備のためにグラマンＴＢＭ艦上雷撃機九機が収容されており、ガソリンの補給中であった。格納庫内での爆発はたちまち給油中の各機体のガソリンタンクを爆発させ、さらに搭載している機体、また周辺の床に大量に置かれた小型爆弾を次々と誘爆させることになったのである。

この猛火と連続する爆発によりプリンストンの後部飛行甲板は大きく膨れ上がり、格納庫甲板の床も破壊され火災は艦の下甲板へと広がっていったのである。プリンストンの船体の後半部は完全に猛火と黒煙に包まれてしまった。

このとき護衛の軽巡洋艦バーミンガムがプリンストンの消火作業のために空母に接近してきた。猛火の中に垣間見られるプリンストンの船体後部はすでに原型をとどめないほどに破壊し尽くされていた。

そのときプリンストンの船体後部で最大級の爆発が起きたのである。下甲板の爆弾および魚雷庫が誘爆した模様であった。この猛烈な爆発によりプリンストンの後部船体のあらゆる構造物が破片となり、周囲に飛散したのだ。そしてついに救う手だてのなくなったプリンストンは、護衛の軽巡洋艦リノが放った二本の魚雷を受け沈められたのである。

この爆発と沈没によるプリンストン乗組員の犠牲者は、損害状況に関わらず少数の一五〇名前後だったのが救いではあった。弾火薬庫・爆弾貯蔵庫の爆発は、確実にその艦を消滅させることを意味するものなのである。

軽巡洋艦バーミンガムの大破

——軽空母プリンストンの爆発で受けた大惨事

アメリカ海軍の軽巡洋艦バーミンガムは、その戦歴において例外的な強運の持ち主の艦であるとともに想定外の損害を被った艦として知られている。

クリーブランド級軽巡洋艦はアメリカが第二次大戦に参戦する直前の一九四〇年七月に、その第一艦を完成させた軽巡洋艦である。そして大戦中にじつに二五隻もの同一級巡洋艦を建造したのであった。

クリーブランド級軽巡洋艦は、本級艦が建造される前に建造されたブルックリン級軽巡洋艦を基本に、海軍制限条約明けの無制限時代に入り新たに設計された巡洋艦である。

基準排水量一万トン、最高速力三二ノット、一五センチ三連装砲塔四基（一二門）、一二・七センチ連装高角砲六基（一二門）、を搭載するが魚雷発射管は全廃し、その余裕を水上偵察機四機搭載という、空中索敵能力の向上に努めたのであった。

バーミンガムはクリーブランド級軽巡洋艦の八番艦として一九四二年一月に完成した。ただこのとき六番艦と七番艦は建造途中でインデペンデンス級軽航空母艦に改造されることになり、両番号艦は欠番となっている。六番艦は途中で軽航空母艦インデペンデンスに、七番艦は軽航空母艦プリンストンに改造された。従って軽空母プリンストンと軽巡バーミンガムは僚友艦ともいうべき間柄であったのだ。そしてこの僚友が後にまさかの事態に遭遇することになったのである。

バーミンガムは竣工後、一時大西洋艦隊に配置されたが、一九四三年十月に太平洋艦隊所属となった。そして配置直後にタラワ・マキン島上陸作戦の支援砲撃に活躍した。その直後バーミンガムはソロモン諸島のブーゲンビル島のタロキナへの上陸作戦の支援を行なっている。

この一九四三年十一月八日午前、上陸作戦支援の砲撃を展開しているまさにそのとき、ラバウル基地を出撃した日本海軍の艦上戦闘機、艦上爆撃機、艦上攻撃機の一群が上陸支援を展開している艦艇群の上空に来襲したのだ。

艦艇からは激しい対空砲火が撃ち上げられたが、その間をぬって五機の攻撃機が低空でバーミンガムに雷撃の姿勢で接近してきた。敵機の三機はバーミンガムや周辺の艦艇が撃ち出す対空砲火で撃墜されたが、残る二機は魚雷を投下したのだ。この魚雷をバーミンガムは回避できなかった。魚雷は直進し一本はバーミンガムの艦首左舷付近に命中し爆発した。そしてもう一本は左舷中央部の機関室付近に命中し爆発したのだ。

バーミンガムは前部火薬庫周辺と機関室が浸水し、左舷に傾き行動の自由を失った。この

バーミンガム

とき突然、断雲の中から一機の急降下爆撃機が現われ、バーミンガムに向けて急降下すると爆弾を投下したのだ。爆弾は艦尾の一五センチ三番砲塔付近の甲板に命中すると、そのまま上甲板と第二甲板を貫通し第三甲板で爆発した。

バーミンガムは完全に行動の自由を失い左舷に大きく傾き、沈没の危機に迫られたのだ。しかし必死の救援作業により何とか沈没をまぬかれ、その後真珠湾基地まで曳航され修理が行なわれたのだ。

なおこのとき雷撃を行なった日本海軍の艦上攻撃機は、この作戦で初めて実戦に投入された艦上攻撃機天山であったとされている。

バーミンガムの損傷状況はかなり甚大であったが、その後五ヵ月にわたる修理の後再び戦線に復帰したのだ。復帰後最初の実戦参加はマリアナ沖海戦であり、空母機動部隊の支援艦隊としてであった。その後ペリリュー島上陸作戦の支援艦として参戦した直後にレイテ島上陸作戦に投入され、機動部隊の第三八任務部隊の支援の任務につき、軽空母プリンストンを含む空母機動部隊の護衛任務にあたることになったのであった。

昭和十九年十月二十四日午前九時ころから、機動部隊上空には断続的に合計五六機の日本機が来襲したが、そのことごとくが上空援護の米艦上戦闘機により撃墜されたが、その合間をぬって一機の艦上爆撃機彗星が突然、空母群の上空に接近すると、軽空母プリンストンめがけて急降下し。一発の爆弾を投下すると撃墜されることなくそのまま去っていったのである。

この急降下爆撃で軽空母プリンストンは大火災を起こしたのである。

このとき軽空母プリンストンの火災消火のために接近して来たのがバーミンガムであった。そしてバーミンガムはプリンストンの左舷に接近し全消火ホースを運びだし、激しく燃え上がるプリンストンに対し大量の海水の放出を始めたのだ。この作業はバーミンガムの手空き乗組員総出で行なわれた。プリンストンの火勢は容易に衰えを見せなかった。このとき寄しくも連続番号の姉妹艦が並び助け、助けられることになったのである。

しかし事態は想定外の展開となったのだ。軽空母プリンストンが突然、大爆発を起こしたのであった。それも両艦は最接近の状態で並び消火活動を展開している最中であった。このときバーミンガムはまさに大爆発に直面したのだ。爆発で飛び散った軽空母プリンストンのありとあらゆる物体を至近距離で浴びる破目になったのである。

それはプリンストンの飛行甲板の残骸であり、格納庫や船体内部の各種構造物や部材であり、爆弾や魚雷や飛行機の破片であり、そして中には人間（乗組員）の一部分も混じってい

炎上するプリンストンとバーミンガム

たのである。
　このときバーミンガムの艦上では無防備の状態で大勢の乗組員が消火作業中であり、各機銃座では要員が戦闘状態で配置についていた。この状態の中であらゆる物体残骸が降り注ぎ、爆風が襲ったのだ。バーミンガムはたちまち凄惨な姿に一変してしまったのだ。構造物は一部破壊され、乗組員の大半は死傷した。
　バーミンガム乗組員の被害は、将兵二二九名が即死、四二〇名が瀕死の重傷という凄まじさで、乗組員の七五パーセントが一瞬にして戦闘力を失ったのである。
　バーミンガムは再び本国に帰還し修理を受けることになった。そして不死鳥のように再び戦場に現われたのだ。修理も終わり大半が新しい乗組員となったバーミンガムは昭和二十年二月の硫黄島上陸作戦の支援艦として再び最前線に登場した。そして続く四月一日から展開された沖縄上陸作戦にも参戦したのだ。このときの本艦の任務は空母機動部隊の支援艦であった。

昭和二十年五月三日、日本側の大規模な特攻攻撃作戦が展開された。この攻撃での米海軍の損害は駆逐艦三隻沈没、軽巡洋艦三隻と駆逐艦三隻大・中破という損害を被った。

この損害を被った軽巡洋艦の中にまたもやバーミンガムが入っていたのであった。この日、バーミンガムに一機の特攻機が命中した。特攻機（機種不明）はバーミンガムの左舷後方から侵入すると、そのまま艦尾左舷側の甲板に突入したのだ。飛び散った燃え上がるガソリンと機体の破片は付近の機銃座の操作員たちを殺傷し、搭載していた爆弾は上甲板を貫通し下甲板で爆発した。この爆発で乗組員居住区域が大きく破壊されたが、艦の運行に関わるような重大な損害には至らなかった。

バーミンガムは修理のために沖縄本島の西に隣接する慶良間列島に配置された工作・修理艦の手により修理を受けることになった。そして二週間後には再び戦線にもどり、終戦まで実戦配置につくことになった。

再三の損害を受けながら第一線での活躍を続けた艦には、航空母艦エンタープライズが有名であるが、人的被害の大きさでは軽巡洋艦バーミンガムの上を行く艦はない。

駆逐艦クーパー撃沈される

──劣位駆逐艦に撃沈された米最新鋭駆逐艦

ここに登場する駆逐艦クーパーは、米海軍最新鋭のアレン・M・サムナー級駆逐艦である。本艦はアレン・M・サムナー級駆逐艦の四番艦として一九四四年八月に完成し、直ちに太平洋艦隊の駆逐艦隊に編入された。

昭和十九年十月二十日、米軍はフィリピンのレイテ島に上陸を開始した。米軍の大攻勢が始まったのであった。このことを予期していた日本側は、日本海軍の主力艦隊のほぼ全戦力を投入し乾坤一擲の捷号作戦を発動した。

しかし米上陸部隊に対する主力艦艇の総力による殴り込み作戦も、強力な敵機動部隊の航空攻撃や群れなす水上艦艇の砲撃戦により日本海軍は戦力の大半を失った。

レイテ島の陸軍を主体とする守備隊は、米上陸軍の猛攻の前に苦戦を強いられジリジリと後退を余儀なくされていた。その間に米軍は上陸地点に新たに航空基地数ヵ所を建設し、陸軍航空隊の戦闘機や軽爆撃機を送り込んできた。

この状況に対し日本陸軍はレイテ島の米軍追い落としのために次々と新たな部隊を送り込むことになったのである。レイテ島に向けてのこの増援部隊や物資の送り込み作戦は「多号作戦」と命名され実施された。しかしこの輸送作戦は大規模な兵力輸送という規模ではなく、大隊あるいは連隊、または旅団規模の中・小規模の兵力送り込みに終始し、その輸送に使われる輸送船も数隻単位が主体であった。このために輸送部隊はつねにレイテ島接近あるいは揚陸中に敵航空機の攻撃や敵艦艇に遭遇し、兵力や物資の送り込みの成功率は極めて少なかった。そして「多号作戦」も第九次をもって日本側は力尽き、レイテ島は米軍の完全占領となり、以後米軍はこの地を拠点に一気にフィリピン奪回へと進んだのであった。

この輸送作戦の中でも十一月十九日に実施された第三次輸送作戦は、一連の輸送作戦で最も強力な態勢で行なわれた。この輸送作戦は五隻の輸送艦船を五隻の駆逐艦で護衛する態勢で実施された。この作戦に投入された駆逐艦の一隻は日本海軍最新、最速・最強の「島風」であった。しかしレイテ島を目前に敵航空機の猛攻を受け、「島風」をはじめ駆逐艦と輸送艦船合計九隻が撃沈されるという、「多号作戦」中最大の損害を出すことになった。

次に決行された第四次「多号作戦」も敵の猛攻の前に揚陸できず失敗。続く第五次でも一等輸送艦と二等輸送艦が投入されたが、敵艦載機の猛攻の前に輸送作戦は失敗に帰した。さらに第六次も全輸送艦船が敵の猛攻の前に全滅したが、ある程度の物資の揚陸ができた。

陸軍は成功の見込みのないまま、むやみに少数の輸送艦船を送り込む方法に固守したが、レイテ島死守の方針もここに尽きようとしていた。そのような中、十一月二十八日に陸軍は

アレン・M・サムナー。クーパーと同型

第七次「多号作戦」を強行した。このときの輸送船のコースも従来と変わらず、マニラを出港した後はシブヤン海、ビサヤン海を通りレイテ島の西岸のオルモック湾に向かう六〇〇キロの行程であった。

オルモック湾は米軍が上陸したレイテ湾とは島の反対側に位置していた。すでに上陸地点には数ヵ所の航空基地が整備され、約八〇機のロッキードP38戦闘機や約三〇機のノースアメリカンB25爆撃機が配置されていた。またレイテ湾沖の海域にはつねに護衛空母群が遊弋し、攻撃してくる日本機に対し無数の艦上戦闘機が強力な反撃を繰り返していたのである。

第七次「多号作戦」には次の艦艇および輸送艦船が投入された。

輸送船群：陸軍揚陸船（SS艇）五隻、二等輸送艦二隻、一等輸送艦一隻

合計八隻の搭載する補給物資量は約一四〇〇トンに達した。

護衛艦艇：駆逐艦二隻、駆潜艇一隻

当時の状況からこの重要な輸送船団には本来さらに多くの護衛艦艇を随伴させ、また戦闘機による空中援護も望まれたが、当時の戦況はすでにそれを許さないほど逼迫した状況であり、二隻の駆逐艦を随伴させることがそのとき可能なすべてであった。

このとき随伴した二隻の駆逐艦は、これまでの魚雷戦を想定した強力な艦ではなく、駆逐艦の不足に対し昭和十八年二月に急遽建造が決まった、戦時急造型の量産型駆逐艦であった。この艦は既存の駆逐艦に比べ速力の低下、砲戦力の低下、魚雷戦力の低下を覚悟の上で、大量急速建造を主眼とした駆逐艦（丁型駆逐艦）であった。

この丁型駆逐艦は基準排水量一二六〇トン、最高速力二八ノット、武装は一二・七センチ連装および単装高角砲各一基、六一センチ四連装魚雷発射管一基（予備魚雷なし）という規模で、既存駆逐艦に比べ格段の見劣りがした。しかし本艦に期待された任務から対潜戦闘装備は比較的充実しており、水中探信儀（ソナー）と水中聴音器一式を装備、また電波探信儀（レーダー）も装備していた。とくに爆雷投射器や搭載爆雷量は既存の駆逐艦に比較し大幅に強化されていた。

余談ながらこの丁型駆逐艦の艦名は「樫」「松」「梅」「杉」「栃」など、すべて樹木・植物の名称が採用されており、既存駆逐艦の乗組員たちからは見下すように「雑木林級駆逐艦」などと揶揄されていた。この第七次「多号作戦」に投入された丁型駆逐艦の艦名も「桑」と「竹」であった。

輸送艦船群は奇跡的に無事に揚陸地点に到着すると、直ちに物資の揚陸を開始したのだ。

竹

このとき投入された陸軍揚陸船（SS艇）と二等輸送艦は、船体を直接海岸（砂浜）に乗り上げ、搭載した物資を直接陸地に運び出すことができる揚陸船であり、揚陸作業も迅速に進められたのであった。

そして二隻の駆逐艦は揚陸地点の沖合で敵艦艇の侵入に対しての警戒についていた。深夜零時を回ったとき、突然三隻の米駆逐艦が二隻の日本駆逐艦に向かって突進してきたのだ。敵は日本側の二隻の駆逐艦をレーダーで探知していたのだ。これに対し二隻の駆逐艦も敵の来襲を探知していた。

二つの駆逐艦群の距離が一〇〇〇メートルに接近したとき、先頭の二隻の米駆逐艦（アレン・M・サムナーとクーパー）が突然、砲撃を開始した。砲撃の目標は駆逐艦「桑」であった。至近距離からの砲撃で「桑」には多数の砲弾が命中し、「桑」は火災を起こし戦闘不能に陥った。しかし「桑」への砲撃が開始されると同時に駆逐艦「竹」からは三本の六一センチ魚雷が発射されていた（一本は故障で発射不能）。

一本の魚雷が二番目を進む敵駆逐艦クーパーの船体中央部に命中し爆発した。六一センチ魚雷の威力は強力であった。

クーパーは魚雷命中による爆発と同時に船体が完全にV字形に折れ、たちまちその姿は海面下に没してしまった。この凄まじい撃沈劇に圧倒されたのか残る敵駆逐艦二隻は、日本の輸送艦船に攻撃を加えることなく消え去ってしまったのだ。

この第七次「多号作戦」は、繰り返し決行された輸送作戦の中では最も成功したものとなったが、レイテ島の戦況はこの程度の輸送で日本側の戦闘が有利に展開できるものではなかった。「多号作戦」は第九次をもって終了することになり、レイテ島の奪還は不可能となったのである。

なお米駆逐艦クーパーの撃沈による人的被害は、犠牲者一九一名、負傷者八〇名という、乗組員のほぼ全員という大きなものであった。しかし九次にわたる「多号作戦」による日本側の損害は、輸送艦船の乗組員の被害だけでもその総数は一〇〇〇名を超えるものであった。

米航空母艦の最後の試練

——特攻機の連続突入で歴戦の空母サラトガ屈す

アメリカ海軍の航空母艦サラトガは一九二七年（昭和二年）の竣工以来、その生涯を終える一九四六年までの一九年間、幸運であったのかはたまた不運であったのか判然としない艦歴の艦なのである。

完成当時、僚艦レキシントンとともに世界最大級の航空母艦といわれたサラトガは、太平洋戦争中に日本海軍の潜水艦の雷撃を二回受け、それぞれ長期間の修理でその後の空母作戦に支障を与えた。戦争末期には日本海軍の特攻機の集中攻撃で大損害を受け、修理を終えたときには戦争は終結しており、やっと大修理を終えた艦も最後には原子爆弾の標的となり沈没する。武運艦なのか不運艦なのか判然としない軍艦としての生涯を終えているのである。

サラトガは僚艦レキシントンとともに、ワシントン海軍軍縮条約で設けられた制限に基づき、未完成状態の同名の巡洋戦艦を航空母艦として改造したものである。同じような条件で航空母艦として完成した日本海軍の航空母艦「赤城」と「加賀」と並び、完成以後長らく世界の最強航空母艦の座に君臨していたのだ。

艦名のサラトガはレキシントンと同様に、アメリカ独立戦争でアメリカ義勇軍側が勝利を決定づけた戦いの地であり、アメリカ国民にとっては日本の「関ヶ原」の地名と等しいほど親しまれている地名なのである。

太平洋戦争に突入したとき、サラトガは二〇センチ連装砲四基を装備する、完成当時と変わらない姿をしていた。

本艦は太平洋戦争勃発直後の昭和十七年（一九四二年）一月十一日に、ハワイ諸島の南西五〇〇カイリ（約九三〇キロ）の地点で、日本海軍の伊六号潜水艦の発射した魚雷一本を左舷後部に受け、船体後部水面下を大きく損傷した。サラトガは何とか自力で真珠湾までもどり応急修理を終えた後、西海岸のブレマートン海軍工廠で本格的な修理を受けたのだ。この機会にサラトガは飛行甲板の拡大、艦橋構造物の小型化、二〇センチ主砲の撤去、カタパルトの設置などの近代化工事を受けることになった（僚艦レキシントンはこの改造工事を受ける前に珊瑚海海戦で撃沈されてしまった）。

サラトガが再び戦場にもどったのは七ヵ月後の昭和十七年八月であった。そして復帰後最初の戦闘参加は同年八月二十四日に展開された第二次ソロモン海戦で、本艦はこのとき初めて艦載機を出撃させ、日本の小型航空母艦「龍驤」の撃沈に一役買うことになった。しかしその直後の八月三十一日に再び潜水艦の魚雷が右舷中央部に命中し爆発、艦内の電気回路が遮断され危機対策装置が作動せず、再び沈没の危機に瀕したのだ。その後サラトガはかろう

サラトガ

じて沈没の危機を脱し、軽巡洋艦に曳航されて再び真珠湾基地の工廠で大規模修理を受けることになった。

修理が終わったのは同年十二月であった。その後サラトガは再び太平洋戦線に復帰し、ラバウル攻撃やマーシャル諸島の攻撃に参加した後、インド洋に回航されイギリス極東艦隊の航空母艦イラストリアスと航空戦隊を組み、スマトラ島やアンダマン諸島などの日本軍拠点攻撃を展開したのだ。

この変則的なサラトガの運用はサラトガがすでに旧式艦の部類にあり、同じ大型艦でも新鋭のエセックス級大型航空母艦と共同作戦を展開しにくいという理由があったためでもある。したがってサラトガはマリアナ沖海戦にも大型空母の一隻として組み入れられていない。

サラトガはその後太平洋戦域にもどり多少老朽化しているエンタープライズと組み、第五八機動部隊の一つのタスクグループを編成し、昭和二十年二月

天山

十七日、十八日の両日には日本の関東地方の航空基地や軍需施設に対する大規模航空攻撃を展開している。そしてそのまま硫黄島周辺海域にもどり、サラトガは多数の護衛空母とともに硫黄島上陸作戦の支援航空攻撃に参加したのだ。この硫黄島上陸作戦の支援空母群の主体は一〇隻の護衛空母とサラトガであり、合計三七〇機の航空機を擁していたのだ。

硫黄島上陸作戦に対する日本側の航空攻撃の主体は、日本の千葉県の香取基地を主体に展開した、特攻攻撃を主目的とする海軍第二御盾隊の航空機の集団であった。使用航空機は援護戦闘機は零式艦上戦闘機、攻撃機は艦上攻撃機天山、艦上爆撃機彗星であった。これらで編成された攻撃隊は途中、八丈島や小笠原諸島父島の基地を中継して硫黄島に向かうことになっていた。攻撃方法は急降下爆撃と雷撃であるが、航続距離の関係から帰還は難しく、攻撃は必然的に特攻攻撃が基本となるのが暗黙の使命であった。

第二御盾隊の戦力は、艦上攻撃機天山八機、艦上爆撃機彗星一二機、援護の零式艦上戦闘機一二機の合計三二機であった。

このときの攻撃隊の搭載兵器は、天山が八〇〇キロ爆弾一発、彗星が五〇〇キロ爆弾一発搭載となっていた。攻撃隊は夕闇せまる時刻に硫黄島近海に接近の予定であり、事実攻撃隊は薄暗くなった頃に敵艦艇群上空に現われたのである。

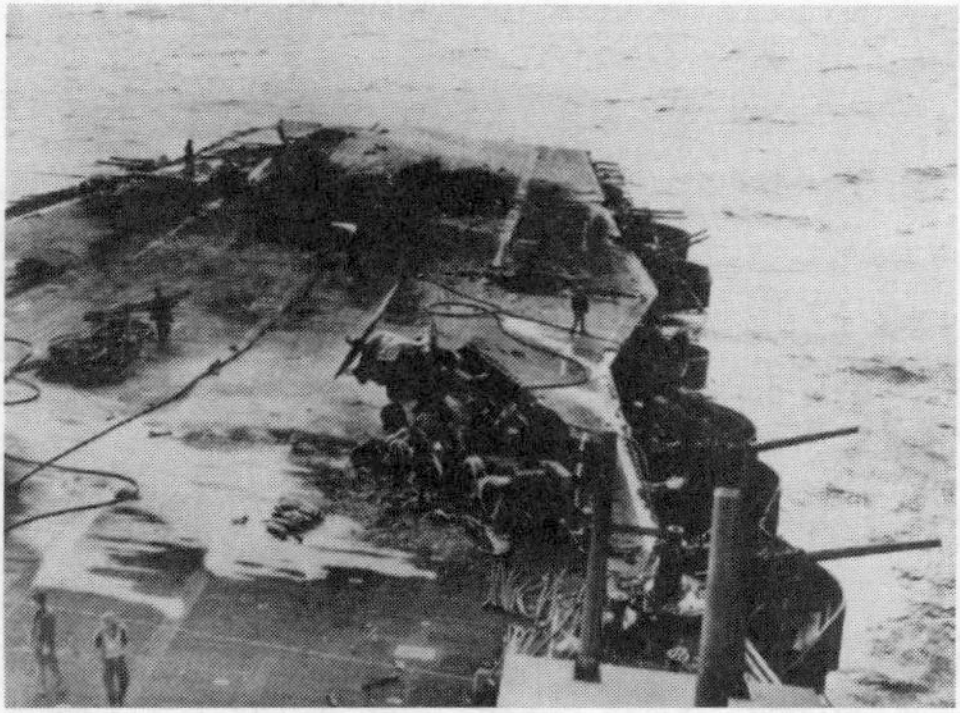

被害を受けたサラトガ

結果的には米艦艇群にとっては不意を突かれた攻撃となったのである。まず一機の彗星がサラトガの右舷中央部の吃水線付近に突入した。次に一機の彗星が飛行甲板の前部に突入した。続いて一機の彗星が飛行甲板前部カタパルト付近に突入したのだ。さらに彗星一機が飛行甲板右舷に、そして続いて八〇〇キロ爆弾を搭載した天山が飛行甲板中央部に突入した。

サラトガはこの五機の爆弾搭載の特攻機の突入で大混乱となった。各機体が搭載した爆弾は機体を離れ舷側や甲板を貫通し艦内で爆発したのだ。サラトガの飛行甲板には大きな孔が開き、飛行甲板上に待機していた飛行機は爆発炎上、さらに下部の格納庫内も爆弾の破裂により収容されていた飛行機はたちまち燃え上がり、格納庫内に積み上げられていた爆弾は誘爆を始めたのだ。下部の機関室はかろうじて損傷をまぬかれた

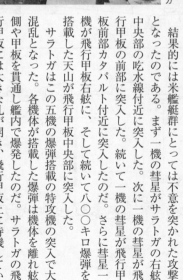

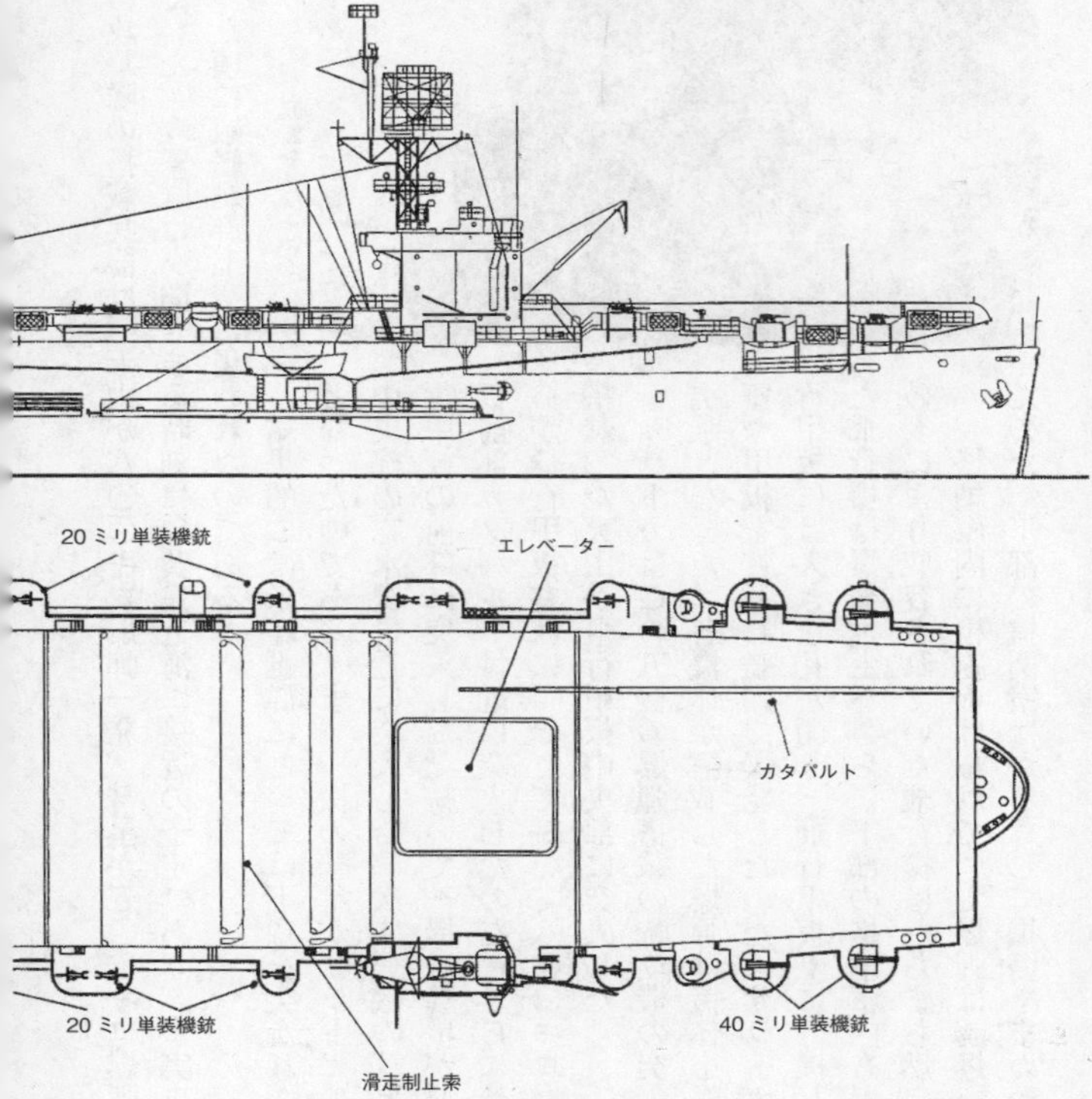
20ミリ単装機銃
エレベーター
カタパルト
20ミリ単装機銃
40ミリ単装機銃
滑走制止索

第11図　護衛空母ビスマークシー

基準排水量　7800トン
全　　　長　156.1メートル
全　　　幅　19メートル
主　機　関　レシプロ機関2基
最大出力　9000馬力(合計)
最高速力　19.3ノット
航空機搭載量　28〜34機

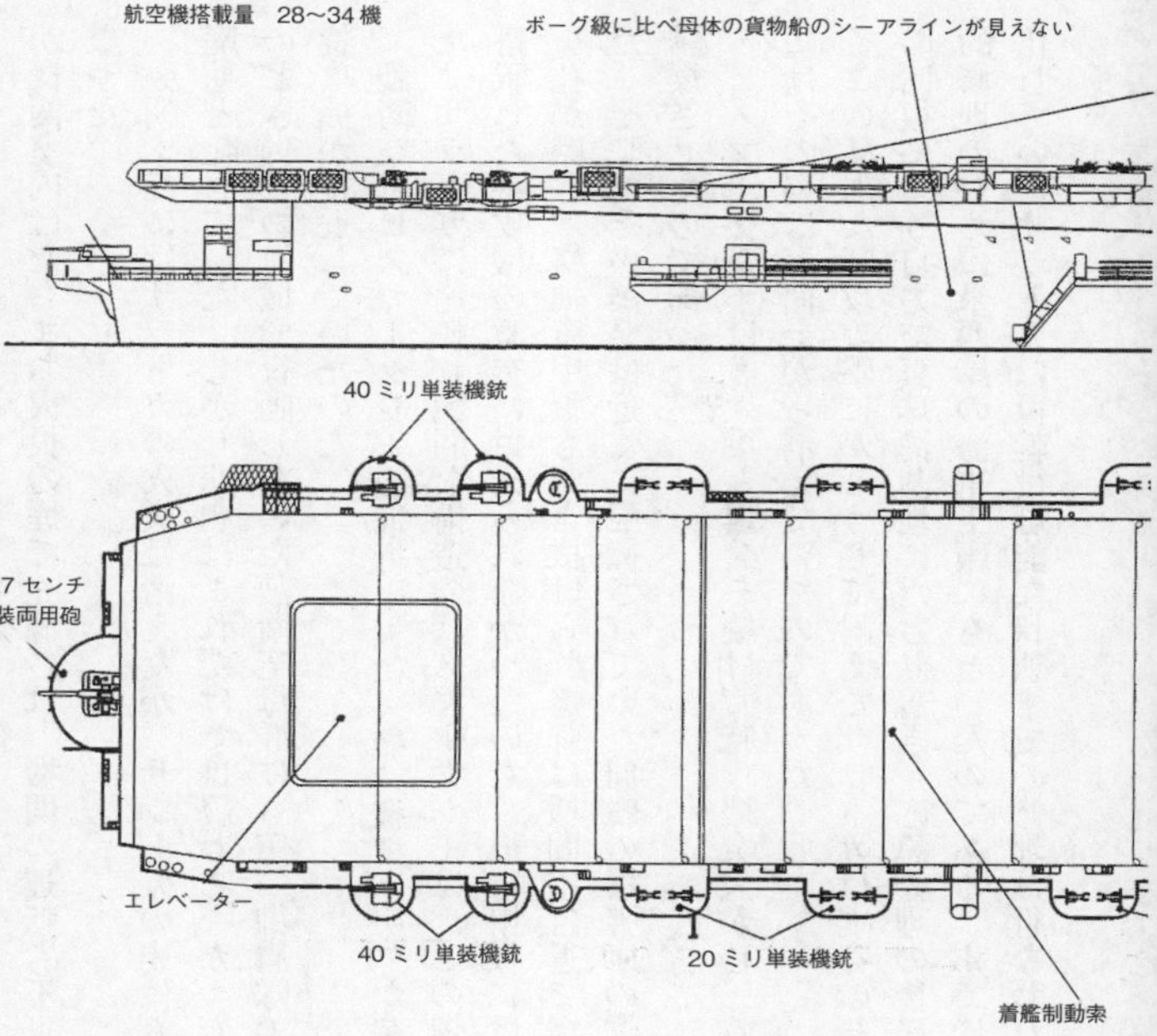

ビキニで沈むサラトガ

が機関室内はたちまち火災の煙で充満され、機関の運転も不可能になった。

翌朝までにはサラトガの火災は消えたが、サラトガの姿はもはや廃墟と化していた。しかし悲劇はこれだけでは終わらなかった。このとき付近の海域で行動していた護衛空母群にも第二御盾隊の残る特攻機が接近していたのだ。

護衛空母ビスマークシーの飛行甲板に一機（機種不明）が突入した。サラトガに比較し脆弱な構造のビスマークシーは、この爆弾を搭載した特攻機の激突に耐えられなかったのだ。飛行甲板には巨大な孔が開き、格納庫甲板も突き抜けられ爆弾は機関室付近で爆発した。そしてその爆発は近くに配置されていた同艦の爆弾庫の爆弾を誘爆させたのであった。

ビスマークシーは大火災と爆発を続け、特攻機突入から三時間後にはその姿は海面上から消えていたのであった。

この猛烈な特攻攻撃にかろうじて耐えたサラトガは、その後機関の回復により自力で真珠湾基地にたどり着き、応急修理の後に本格的修理のために米西岸の海軍工廠にもどったのである。すでに老朽化していたサラトガは再就役可能な状態までの修理は行なわれたが、そのときには戦争はすでに終末を迎えていた。

その後、サラトガは実戦部隊の空母群からは外され、艦載機の離着艦訓練艦として運用されていたが、大戦終結翌年の昭和二十一年七月二十五日に実施予定の原子爆弾の水中爆発の標的艦の一隻に選ばれたのである。この標的艦には各種老朽化した艦艇や日本およびドイツ海軍の主力艦も選定されていた。その内訳はアメリカ海軍では戦艦ペンシルバニア、ネバダ、アーカンソー、ニューヨーク、重巡洋艦ソートレークシティー、ペンサコラ、潜水艦や駆逐艦および戦車揚陸艦（LST）、そして航空母艦サラトガ、さらにドイツ重巡洋艦プリンツ・オイゲン、そして日本の戦艦「長門」に軽巡洋艦「酒匂」などであった。

原子爆弾は予定どおりに中部太平洋のビキニ環礁で行なわれた。その水中爆発の衝撃は猛烈で、爆心から数キロ以内に停泊していたすべての標的艦は沈没した。

航空母艦サラトガの実戦での戦歴はまさに武勲と悲運の繰り返しであり、その最後も同じく悲劇で終わっている。

駆逐艦を撃沈したのは何者か

——人間爆弾「桜花」で撃沈された唯一の艦艇

米海軍駆逐艦マンナート・L・エイブルは、日本海軍の人間飛行爆弾「桜花」によって撃沈された唯一の連合軍側の艦艇である。同艦は米海軍の最新鋭駆逐艦であるアレン・M・サムナー級の三〇番艦で、一九四四年の竣工である。

基準排水量二二〇〇トン、最高速力三六・五ノットの同艦は一二・七センチ連装砲三基と五三センチ五連装魚雷発射管二基を搭載した、日本海軍の「陽炎」級駆逐艦の上を行くことを意識して設計された駆逐艦であった。対空・対艦用レーダーや最新式の水中探信儀（ソナー）を装備し、前投式爆雷投射装置であるヘッジホッグも装備していた。第二次大戦中に本級艦は四隻を失っているが、そのすべてが日本海軍の攻撃で撃沈されている。沖縄の戦闘で特攻機の攻撃で撃沈された駆逐艦ドレックスラーも同級駆逐艦の三二番艦であった。

人間飛行爆弾「桜花」の正式名称は特別攻撃機桜花である。桜花は正真正銘の特攻兵器で、欧米人の精神構造ではまったく理解不可能な思考による兵器であったのだ。

桜花の構想は昭和十九年七月頃、内地の基地勤務の航空隊整備の准士官の発想から急遽、海軍航空技術廠で構想がまとまり、設計・施策が進められた兵器とされている。その基本構想は爆弾型の胴体に主翼と尾翼を取り付け、胴体尾部に装備された個体ロケットを噴射させて敵艦に向かおうとするもので、運搬は一式陸上攻撃機または陸上攻撃機銀河で行ない、敵目標のはるか手前でこれを離脱させ、当初は滑空降下し敵艦を目前にしてロケットを噴射して敵艦に激突する、というものであった。離脱後の操縦は搭乗員が行なうもので、まさに人間が操縦する爆弾であった。

設計・試作は早くも昭和十九年八月に始まり、九月には試作一号機を完成させていた。桜花は合計四種類が設計されたが、実際に試作されたのは三種類で、その中の一種類がその後量産され一部が実戦に投入された。

実戦に投入された桜花は最初に試作された一一型で、全長六・一メートルの円筒状の胴体の前半部には八〇〇キロの炸薬が搭載され、その直後に簡単な操縦席、その後方にロケットエンジンが搭載されている。胴体中央部には全幅五・〇メートルの主翼が取り付けられ、尾端には両端に小型の垂直尾翼を取り付けた水平尾翼が配置されていた。

桜花が母機から離脱した直後は時速四三九キロで、そのまま緩降下しながら速力を増し、敵艦船に接近した時点でロケットを噴射する。このときの速度は計画では時速八七六キロとなっていた。これは敵艦艇からの対空砲火の命中精度を低くするための方策であるとともに、目標に激突した際の貫通力を高めるための措置でもあった。敵艦艇への突入直前の桜花のス

桜花二二型

ピードに対し、艦艇側の対空砲火は事実上追随が不可能である、と考えていたのであった。

搭乗員の本機体への乗り込みは基本的には飛行中に行なえるようになっていた。爆弾倉の扉を撤去し特殊な懸垂装置で桜花を吊り下げ、開かれた風防から搭乗員は母機から桜花に乗り込むのである。量産型桜花一一型は終戦までに七五五機が完成したとされている。

機体数が揃い始める段階で海軍航空隊の中に「桜花」特攻隊が組織された。昭和十九年十一月のことである。そして炸薬を撤去した空間に同量の砂などを搭載し、胴体下に「ソリ」を取り付けた訓練用桜花滑空機も作られ訓練に使用された。

桜花運搬用の母機には一式陸上攻撃機が使われたが、陸上爆撃機銀河も母機に選定され、桜花搭載専用の銀河二二型も試作されたが実用化はされなかった。

桜花隊の初陣は昭和二十年三月二十一日であった。このとき沖縄上陸作戦を前に米機動部隊の一群の艦載機が九州南部の航空基地を急襲した。これに対し空母攻撃のために桜花隊が出撃したのであった。このとき母機の一式陸上攻撃機は一六機で、護衛に三〇機の零式艦上戦闘機が随伴した。しかし敵機動部隊の一一〇キロ手前で大編隊の敵艦上戦闘機の迎撃を受け、なす術なく母機全機と多くの護衛戦闘機が撃墜された。

その後沖縄戦の展開とともに、少数機または単機の母機による敵艦船攻撃が展開されたが見るべき戦果は得られなかった。その中で唯一生まれた大きな戦果が駆逐艦マンナート・L・エイブルの撃沈であった。

駆逐艦マンナート・L・エイブルは一九四四年十月に完成し、初陣は翌年二月の硫黄島上陸作戦であった。このとき同艦は一二・七センチ主砲で上陸軍援護の艦砲射撃を展開している。その後四月一日から展開された沖縄上陸作戦では同艦に搭載された優れたレーダーを活かしたレーダーピケット陣を展開するために、主に同級艦とともに沖縄本島北方海上で来襲する日本機を事前探知するための任務についた。しかしこの多数配置されたレーダーピケット艦は、来襲する日本の特攻機が最初に目撃する敵艦艇であるために、攻撃目標になる確率が高く、事実多くのレーダーピケット配置の駆逐艦が特攻機の突入で撃沈あるいは大破している。

昭和二十年四月十二日、マンナート・L・エイブルは沖縄本島の北方一一〇キロの哨区の配置についていた。この日の午後、日本の特攻機の一群が上空に現われた。そしてその中の一機が急降下して来ると同艦の船体後部に激突し、搭載した爆弾は甲板を貫通し機関室に飛び込み爆発した。このために同艦はたちまち航行不能に陥ったが沈没までには至らなかった。

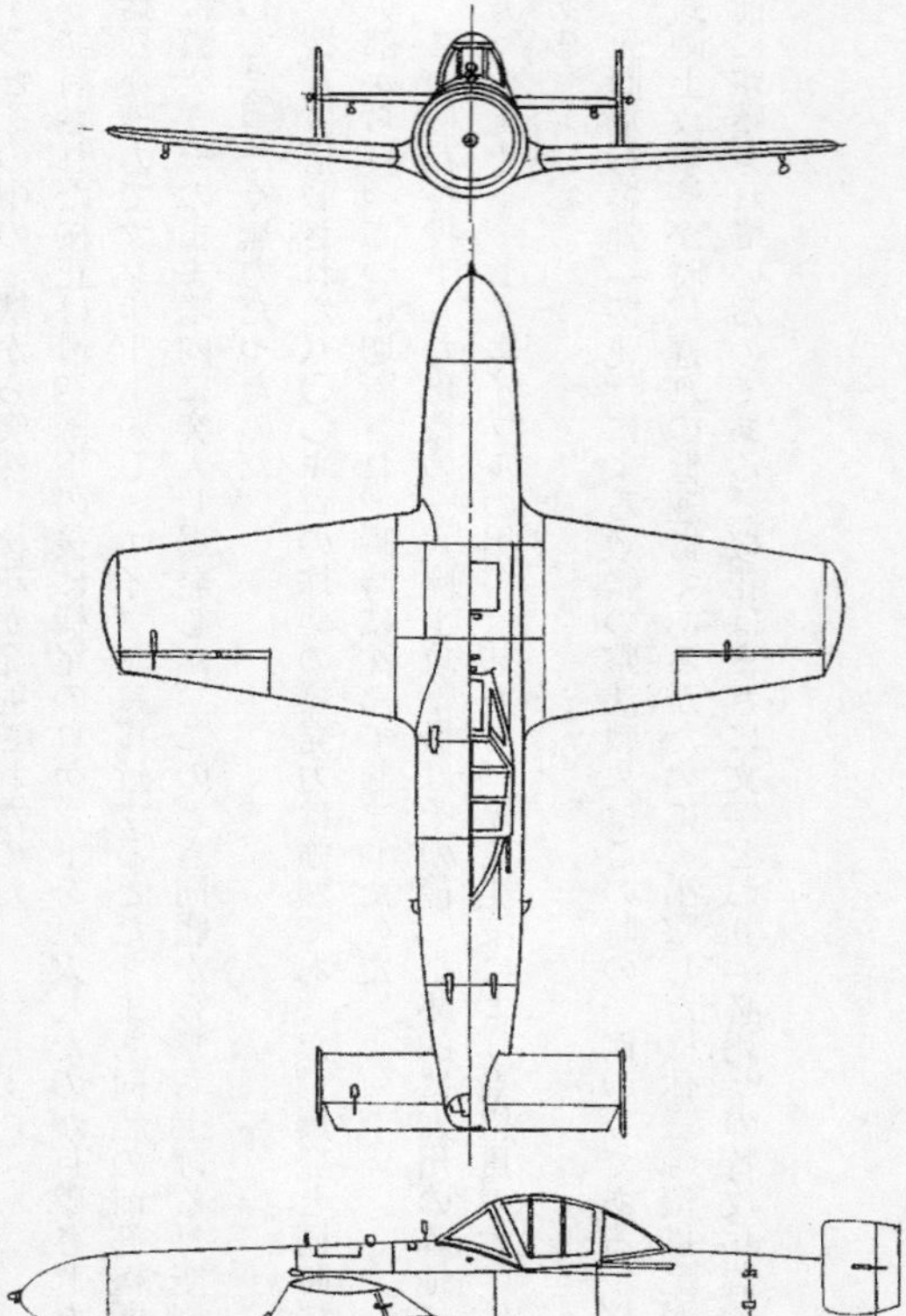

第 12 図　特別攻撃機桜花

動力　火薬ロケット３基　　自重　460 キロ
全幅　5.12 メートル　　速度　927 キロ／時（動力点火時）
全長　6.07 メートル

しかしこのとき同艦の北方上空に第三桜花神雷隊の八機の一式陸上攻撃機が接近していた。するとその中の一機から突然、桜花が発射されたのだ。

発射された桜花は滑空降下の後に機尾のロケットを点火したのが目撃された。飛行爆弾は猛烈な速力でマンナート・L・エイブルに接近するとたちまち同艦の前部機関室の右舷舷側に激突、そのまま艦内に突入し爆発した。このとき同艦から撃ち上げる対空砲火は桜花に対してまったく無力だったのだ。

桜花に搭載された八〇〇キロの炸薬の爆発力は強烈であった。爆発と同時に同艦は船体中央部から真っ二つに切断され、瞬時に沈んでしまったのだ。

この桜花を投下した母機の一式陸上攻撃機はその後、奇跡的に九州の基地に帰還した。一方マンナート・L・エイブルの損害は甚大で、爆発沈没により乗組員の大半は死傷したのである

人間飛行爆弾「桜花」による敵艦の撃沈戦果はこの時の一例のみである。桜花は母機の一式陸上攻撃機が時代遅れの低速機であるがために、出撃した機体三〇機以上が桜花の発射以前に撃墜されているのである。桜花はまさに文字どおり「必死」の特攻兵器であったのだ。

イギリス海軍

戦艦フッドに何が起きたのか

——一瞬にして消えたイギリス海軍最大の戦艦

イギリス海軍の戦艦フッドは、第二次大戦中における同国海軍最大の軍艦であった。基準排水量四万二一〇〇トン、全長二六二・五メートル、全幅三二・一メートルの規模は、英海軍の最新鋭のキング・ジョージ五世級戦艦より、また四〇センチ主砲搭載のネルソン級戦艦より大型で、イギリス海軍に君臨する巨大軍艦であった。

本艦の本来の姿は巡洋戦艦で第一次大戦中の一九一六年に建造が開始され、同級艦四隻が建造される予定であった。しかしこの艦を建造するきっかけとなったドイツ帝国海軍のマッケンゼン級巡洋戦艦の建造が中止されたために、一番艦のフッドだけが建造されることになり、他の三隻の建造は中止された。フッドは戦艦や巡洋戦艦には珍しい同級艦の存在しないただ一隻のみの艦として誕生した。

本艦の完成は大戦後の一九二〇年（大正九年）であったために、ユトランド沖海戦の教訓を大規模に取り入れ、巡洋戦艦としては舷側や構造物や甲板の装甲が強化され、基準排水量は当初計画を大幅に上回ることになった。

一九三〇年までに各種近代化工事が施され、準姉妹艦であるレナウンやレパルスと同じく、また日本の「金剛」級と同じく巡洋戦艦から戦艦に型式変更が行なわれた。しかし第二次大戦勃発当時でもその姿はよく原型を残していた。

本艦は四〇センチ主砲搭載のネルソン級戦艦より大型であったが、軽快で高速力を持ち味とする巡洋戦艦の基本思想を保ち、その主砲は三八センチ連装砲塔四基で、副砲も舷側に装備された片舷六門の一四センチ単装砲だけという、艦の規模からは物足りない武装であった。しかし巡洋戦艦の能力は保たれ、主機関の出力は英海軍最大の一四万四〇〇〇馬力のタービン機関を装備して最高速力三二ノットを発揮し、高速であるはずの戦艦レパルスやレナウンよりも高速であった。

フッドは第二次大戦勃発と同時に英国本国艦隊に配属された。ブリテン島の北に位置するオークニー諸島のスカパフローを本拠地とする英国本国艦隊は、ドイツ海軍の拠点であるヴィルヘルムスハーフェンやキールから出撃するドイツ艦隊を捕捉するには格好の位置にあった。

第二次大戦が勃発すると同時に、ドイツ海軍は第一次大戦時から同海軍の伝統的な戦術であった、連合軍輸送船をゲリラ的に攻撃する通商破壊作戦を展開した。出撃する艦艇は小型戦艦シャルンホルストやグナイゼナウ、さらにアドミラル・グラーフ・シュペー級装甲艦（通称、ポケット戦艦）、さらには貨物船を改装した特設巡洋艦群であった。

フッド

英本国艦隊の任務の一つは、ドイツを出撃し大西洋に送り出されるこれら単独行動の通商破壊作戦を目的とした軍艦の捜索と攻撃であった。フッドも第二次大戦勃発当初からドイツ海軍のこれら神出鬼没の軍艦の捜索に従事していた。しかしその効果はほとんどなく、ドイツ海軍の複数の小型戦艦や特設巡洋艦は大西洋のいたるところで神出鬼没の通商破壊作戦を展開していた。

しかし一九四一年五月に入り事態が緊迫したのだ。バルト海に面するドイツ海軍基地から二隻の大型艦が大西洋に向かって出撃したという情報が入った。情報によると出撃した二隻の軍艦の一隻はドイツ海軍最強で最新鋭のビスマルク級戦艦であるという。

その後この二隻の軍艦の行動はキール運河の航行は不可能と判断され、ユトランド半島を迂回し、デンマーク半島とスカンジナヴィア半島の間のカテガット海峡とスカゲラーク海峡を通過し、北海に向かうものと考えられた。事実この二隻は二つの海峡を通過したのだ。この情報はこの二隻と同海峡ですれ違ったスウェーデン海軍の巡洋艦ゴトランドよりもたらされた。この情報は直ちにストックホルムの同国海軍省に通報され、同時にこの情報はイギリスの諜報部も入手し、直ちにイギリス海軍省に送られた。

その後イギリス空軍の長距離偵察機が二隻の大型艦がノルウェーのオスロフィヨルド内に停泊しているのを確認した。この二隻がその後どのように大西洋に進出するか、イギリス海軍は二つのルートを想定し各海域に直ちに艦艇を配置することにしたのである。

ルートの一つはアイスランド島とブリテン島の間のフェロー諸島付近を通過して大西洋に進出するもの、一つはグリーンランド島とアイスランド島の間のデンマーク海峡を通過して大西洋に進出する手段である。

五月二十二日、二隻のドイツ軍艦がフィヨルドを出て大西洋に向かったとの情報が入った。これに対しイギリス海軍本国艦隊は、二隻のドイツ軍艦はイギリス本島より遠いデンマーク海峡を通過すると判断し、この海域の哨戒のために二隻の軽巡洋艦を配置することにしたのだ。そしてドイツ軍艦攻撃のために急遽二つの戦隊が編成され、デンマーク海峡方面に派遣されることになった。

戦隊の一つは戦艦フッドと完成直後の戦艦プリンス・オブ・ウエールズ、そして駆逐艦六隻。もう一つの戦隊は新鋭戦艦キング・ジョージ五世と航空母艦ヴィクトリアスと駆逐艦六隻であった。

この頃デンマーク海峡で哨戒中の二隻の軽巡洋艦がドイツ海軍の二隻の軍艦らしい艦影を確認していた。二隻の軽巡洋艦はその後もこのドイツ艦らしい二隻の追跡を行ない、逐次情

ビスマルク

報を二つの戦隊に送り込んでいた。

五月二十四日の早朝、戦艦プリンス・オブ・ウエールズの見張員が遠方に二隻のドイツ艦らしき姿を発見した。このとき二隻のドイツ艦と戦艦プリンス・オブ・ウエールズとの距離は約一七カイリ（約三一キロ）であった。

戦艦フッド戦隊は直ちに速力を上げ二隻の敵艦に向かって進んだ。そして双方の距離が約一二カイリ（約二二キロ）に接近した時点で、二隻のイギリス戦艦は主砲の射撃を開始したのだ。二隻のドイツ軍艦は戦艦ビスマルクと新鋭の重巡洋艦プリンツ・オイゲンであった。

イギリス側の二隻の戦艦が砲撃を開始した約二分後にドイツの戦艦と重巡洋艦も射撃を開始した。イギリス戦隊の先頭は戦艦フッドであった。二隻のイギリス戦艦の射撃は不正確で初弾は大きく目標をそれた。しかしドイツ側の射撃は極めて正確であった。重巡プリンツ・オイゲンが発射した二発の二〇センチ砲弾がフッドの後部構造物に命中するのが確認された。

二隻のドイツ艦が砲撃を開始して八分後、突然、戦艦フッドが猛烈な爆煙に包まれ大爆発を起こした。そして爆煙が消えたとき、そこには戦艦フッドの姿は消えていたのだ。壮絶な爆沈である。ビスマルクが発射した三八センチ主砲の弾丸の一発が、数層の甲板の装甲を貫通し弾火薬庫で爆発した模様であった。まさに砲撃戦開始直後の出来事であった。

フッドが海面から消えた後の二隻のドイツ軍艦の標的は戦艦プリンス・オブ・ウエールズ一隻となった。同艦はドイツ艦の多数の砲弾の直撃で艦構造物は大きく破壊された。しかし機関は被害をまぬかれていたために戦場からの離脱を試みた。一方のドイツ戦隊側もこの砲撃戦に多くの時間を費やすことはできず砲撃戦は終了した。

戦艦フッドの轟沈による同艦乗組員の犠牲者の数は一四一六名に達した。戦隊指揮官のホーランド海軍中将も戦死した。生存者はわずかに三名。近代イギリス海軍創設以来最大の悲劇が生まれたのである。

フッドの轟沈についてはその後様々な仮説が出されたが、最終的には砲弾がフッドの舷側を貫通し弾火薬庫に命中したものではなく、遠距離のために急角度で落下して来たビスマルクの三八センチ主砲弾が、フッドの数層の薄い装甲甲板を貫通し弾火薬庫に命中し、火薬庫内の炸薬を誘爆させ大爆発を起こした、と推測されるに至っている。

最新鋭戦艦が航空機に沈められる

——日本の航空戦力を軽視した英海軍戦艦の結末

戦艦プリンス・オブ・ウエールズが就役したのは一九四一年一月十九日であった。しかしこのとき同艦は完全に完成した状態ではなく、同年五月にドイツ戦艦ビスマルク追撃戦に出撃したときには、射撃装置の一部などは修正作業中であった。

プリンス・オブ・ウエールズはイギリス海軍最新鋭のキング・ジョージ五世級戦艦の二番艦として、一九三七年一月にイギリスの名門造船所であるキャメル・レアード社のバークンヘッド造船所で起工された。

同艦の艦長は同艦の竣工以来J・リーチ大佐で、撃沈されたときも彼が艦長であった。プリンス・オブ・ウエールズはドイツ戦艦ビスマルク追撃戦で多数の主砲砲弾を被弾した。修理後の同艦は同年八月に大任を果たしている。このとき同艦はイギリスの首相ウインストン・チャーチルを乗せ、カナダのニューファウンドランド島に到着、別途来訪したアメリカのルーズベルト大統領と同艦上で会談している。この会談で「大西洋憲章」を締結させたのである。

（注）大西洋憲章とは、第二次大戦が連合軍側勝利で終わることを確信し、戦後の英米間の協調を確認した憲章で、アメリカとイギリスは領土の拡大を否定、自由貿易の拡大、経済協力の拡大、世界の船舶の航行の自由、そして世界の安全保障の仕組みづくりについて両国間で確認したもの。

プリンス・オブ・ウエールズはその後一時イギリス海軍の地中海艦隊に編入されたが、日本の南進計画を見据え、シンガポール基地在泊のイギリス東洋艦隊の増強の一環として戦艦レパルスとともに東洋艦隊に配置されることになった。太平洋戦争勃発時点のシンガポール在泊のイギリス東洋艦隊の戦力は、戦艦二隻（プリンス・オブ・ウエールズおよびレパルス）、重巡洋艦一隻（エグゼター）、軽巡洋艦四隻（モーリシャス他）、駆逐艦五隻であった。

昭和十六年十二月八日、日本軍の一隊がマレー半島中部東岸のコタバルに上陸を開始した。この報を受けたイギリス東洋艦隊司令官トーマス・フィリップス大将は、自ら戦艦プリンス・オブ・ウエールズに座乗し、戦艦レパルスおよび駆逐艦四隻を従え、日本軍の上陸部隊の迎撃に出撃したのであった。

このとき在シンガポールのイギリス空軍司令部では、コタバル基地から早々に英空軍戦闘機や偵察爆撃機を撤退させたため、艦隊の上空援護は不可能と報じていた。これに対しフィリップス司令官は日本の空軍戦力をかなり過小評価していたようであり、日本機は行動する

(上)プリンス・オブ・ウエールズ、(下)レパルス

艦艇を攻撃することは不可能である、と信じていた。そのために彼は二隻の戦艦の砲戦力で日本軍上陸部隊の艦艇を十分に撃滅できるという自信を持っていたのだ。彼は六ヵ月前のイギリス戦艦群による最終的なドイツ戦艦ビスマルク撃沈の経験から、航空攻撃（雷撃）の実力を過小評価し、戦艦の砲撃力を過大評価していた様子であった。

当時、仏印（現ベトナム）南端のサイゴンに設けられた二つの基地（サイゴンおよびツドウム）には、海軍の三個の陸上攻撃機編成の飛行戦隊が進出していた。それらは美幌航空隊（九六式陸上攻撃機二七機編成）、元山航空隊（九六式陸上攻撃機二七機編成）、鹿屋航空隊（一式陸上攻撃機五四機編成）で、合計戦力は一〇八機という一大攻撃戦力であった。

これら各航空隊のパイロットは猛訓練の結果、雷撃には熟達した技能を持っていたのだ。その雷撃方法も、双発の大型機でありながら海面スレスレの超低空からの雷撃を行なうという極めて高度な技能を必要とするもので、当時のイギリス海軍航空隊の雷撃機搭乗員の技量に比較し格段に優れていたのである。

このときフィリップス司令官の手元の情報では、コタバル沖に集結している日本の艦艇戦力は戦艦一隻、重巡洋艦一隻、駆逐艦一一隻、輸送船多数というものであった。しかしその後彼の手元に、マレー半島を中心に各地に日本軍の上陸部隊が出現し、相応の護衛艦艇が布陣しているとの情報が入った。この情報に対しフィリップス司令官はZ部隊（二隻のイギリス戦艦戦隊は暗号呼称Z部隊と称されていた）を一旦シンガポールにもどし、巡洋艦などの艦艇を加えZ部隊を強化再編成し日本艦隊攻撃に向かう決断を下し、二隻の戦艦の針路を一旦南にもどしたのだ。このとき、日本の索敵機（サイゴン基地の陸上攻撃機）がこの二隻の戦艦を発見したのであった。十二月十日のことである。

この情報にサイゴンの基地に展開している日本海軍の陸攻隊は一斉に敵艦攻撃のために出撃した。そして艦隊上空に最初に飛来したのは美幌航空隊の陸上攻撃機八機であった。そして戦艦レパルスに爆弾一発を命中させた（右舷後部下甲板で爆発）。次に元山航空隊の一六

一式陸上攻撃機

機が現われ、プリンス・オブ・ウエールズに雷撃を敢行した。
この攻撃で同艦は左舷中央部と後部の二ヵ所に魚雷を受けた。この魚雷の爆発によるダメージは大きく、左舷外側推進器の軸を大きく湾曲させ回転不能とし、さらに周辺の外板が破壊され激しい浸水が始まったのである。そして推進器周辺への大規模な損傷により同艦の速力は急激に低下し、浸水は機関室に達して発電機を作動不良にしたために応急排水装置が作動不能となった。

日本機が激しい雷撃行動を展開していることに最も驚愕したのはフィリップス司令官であったと伝えられている（リーチ艦長も同じであったはずである）。司令官はこのときまで「日本の航空機は雷撃行動などできない」と信じていた模様であった。そのために日本機が超低空からの雷撃行動を開始したときも積極的な魚雷回避の操艦を行なっていなかったのだ。

午後一時ころ鹿屋航空隊の一式陸上攻撃機（二六機）と美幌航空隊の攻撃機（一七機）が現われ、プリンス・オブ・ウエールズとレパルスに対し雷撃と爆撃を展開した。このときの命中弾についての日・英双方の記録は次のとおりである。

プリンス・オブ・ウエールズ

日本側　魚雷命中七本、爆弾命中三発

英国側　魚雷命中五本、爆弾命中一発

レパルス

日本側　魚雷命中六本、爆弾命中二発

英国側　魚雷命中三本、爆弾命中一発

両艦に対する魚雷と爆弾の命中数に関しては双方に食い違いがあるが、日本側の命中数については誤認が含まれているようで、実際の被雷・被弾数はイギリス側の命中記録が事実に近い。このことは戦後に行なわれた浅海に沈む両艦に対する潜水調査でも確認された。

この日本の航空攻撃隊の飛来はZ部隊側では予期していなかったもので、攻撃の最中にレパルスのテナント艦長は無線封鎖の命令を破り、みずからシンガポール駐留のイギリス航空隊に対し戦闘機の派遣要請を行なっている。この要請によってシンガポール基地のブリュースター・バッファロー戦闘機の編隊は急遽、現場海域に飛来したが、その時はすべてが終わっていた後であった。

この攻撃により戦艦プリンス・オブ・ウエールズとレパルスは撃沈された。プリンス・オブ・ウエールズは艦齢一年にも満たない喪失である。

この二隻の沈没による乗組員の犠牲者は、プリンス・オブ・ウエールズ三二七名、レパルス五一三名に達し、艦隊司令官のフィリップス提督とウエールズのリーチ艦長はみずから艦と運命を共にしている。これは二隻の戦艦、それも一隻は新鋭戦艦の喪失という重大事に対する、イギリス海軍の伝統的な責任の取り方であったのであろうか。

戦時のイギリス首相であったウインストン・チャーチルは、戦後にこの戦争に関する『回顧録』を執筆しているが、その中でこの二隻の戦艦の喪失は「第二次大戦中で最も衝撃的な事件であった」と記している。

この二隻が沈没した海域の水深は平均五〇～七〇メートルという浅海で、戦後に両艦の沈没状況がイギリス軍の手により調査されている。その結果、両艦の魚雷命中数は確認され、これがイギリス側の正規の発表数となっているのである。

このとき戦艦プリンス・オブ・ウエールズの艦橋に吊るされていたベル（鐘）は回収され、現在リバプールの海事博物館に展示されている。

軽巡洋艦シドニー衝撃の喪失
――非力な特設巡洋艦の返り討ちで撃沈された巡洋艦

第一次大戦と第二次大戦ではドイツ、イギリス、日本の各海軍は合計一〇〇隻を超える特設巡洋艦を就役させ、累計二五〇隻（約一〇〇万総トン）の各国商船が撃沈されたり拿捕された。しかしこの特設巡洋艦の多くは主に連合軍側の艦艇や航空機の攻撃で撃沈されたが、「特設巡洋艦の攻撃で敵の正規の巡洋艦が撃沈された」という衝撃的な出来事が一例だけ存在する。

この珍事が起きたのはイギリス戦艦プリンス・オブ・ウエールズとレパルスが撃沈されたわずか二一日前、一九四一年（昭和十六年）十一月十九日のことであった。

この日、オーストラリア海軍の軽巡洋艦シドニーは、オーストラリア大陸の西岸のカーナボン岬（オーストラリア大陸西岸中央部付近）の北五〇〇キロ付近を哨戒中、一隻の正体不明の商船を発見した。シドニーは速力を上げその不審船に接近すると、マストに万国共通の旗信号で「貴船の船名を問う」と問いただしたのだ。

これに対しその不審船からは「我はオランダ貨物船ストラート・マラッカなり」との返事が旗信号で帰ってきた。

ここでこの二隻の艦と船に関し概要を紹介する。

この不審船の正体はドイツ海軍の特設巡洋艦（仮装巡洋艦）コルモランである。コルモランの前身は第二次大戦勃発前年に完成したドイツ貨物船「シュタイエンマルク」である。本船は総トン数八七三六総トン、最大出力五〇〇〇馬力のディーゼル機関二基を搭載し、二軸推進での最高速力は一八・四ノットを出す優秀貨物船で、ドイツ海軍の特設巡洋艦の中でも最速の艦であった。

コルモランには一五センチ単装砲六門が搭載され、後部甲板の両舷には五三センチ三連装魚雷発射管を各一基ずつ装備していた。また三七ミリ連装機関砲一基と二〇ミリ連装機関砲二基を搭載し、後部甲板のハッチ上には水上偵察機一機、また同じく後部甲板の第二ハッチ上には小型魚雷艇（魚雷二本搭載）一隻が搭載されていた。

コルモランはドイツ海軍が第一次通商破壊作戦のために出撃させた七隻（アトランチス、ヴィダル、ピングイン、コメート、スティエル、トール、コルモラン）の特設巡洋艦の中で、一番遅く一九四〇年二月にキール軍港を出港した。

コルモランは出撃すると大西洋を南下し、南大西洋でイギリス貨物船五隻を撃沈した後インド洋に入り、イギリスとオーストラリアの貨物船六隻を撃沈するという戦果を挙げていた。

コルモランはその後インド洋を東に進み、一九四一年十一月にはオーストラリア西岸の要衝

改良前のシドニー

フリーマントル港の沖合に接近し、機雷を敷設する予定であった。このときコルモランはオーストラリア海軍の軽巡洋艦シドニーに発見されたのであった。

オーストラリア海軍の軽巡洋艦シドニーは、イギリス海軍が一九三一年から一九三二年にかけて建造したパース級軽巡洋艦の一隻で、シドニーを含む三隻がオーストラリア海軍に供与されたのであった。

シドニーは基準排水量七二七〇トン、一五センチ連装砲四基、一〇センチ連装高角砲二基、五三センチ四連装魚雷発射管二基を搭載し、最高速力は三二・五ノットという典型的なイギリス規格の軽巡洋艦であった。本艦はイギリス海軍の巡洋艦の基本的スタイルである、二〜三本の煙突を一本にまとめた、一本煙突の特異なスタイルの軽巡洋艦であった。

さて不審船から船名の回答を受けたシドニーでは、直ちにオーストラリア海軍司令部に対し「ストラート・マラッカ」なる貨物船の存在と同船の現在航行海域を問い合わせた。

この問い合わせの時間はコルモラン側に十分な戦闘態勢をとらせるのに好都合であった。そして距離二〇〇〇メートルで並行の状態で微速で進む間に、コルモランの片舷四門の一五センチ砲と射撃照準装置は、十分にシドニーの急所（射撃照準装置）に照準を合わせていたのである。

そして突然、隠蔽されていたコルモランの一五センチ砲が舷側から現われると射撃を開始した。発射された一五センチ砲弾は初弾からシドニーの急所である射撃照準装置に命中したのだ。このためにシドニーの二基の前部一五センチ主砲は射撃不能となった。しかし後部の二基の一五センチ主砲はコルモランに対し射撃を開始した。激しい砲撃戦は続いたが、双方の距離はわずか二〇〇〇メートルと近距離であり、撃ち出されるそれぞれの砲弾は次々と互いの船体に命中し破壊が進んだ。

このときコルモランの片舷の三連装五三センチ魚雷発射管から、三本の魚雷がシドニーめがけて発射されたのである。そしてその中の一本がシドニーの艦尾側の砲塔直下の舷側に命中し爆発した。この魚雷の命中によりシドニーは急速に左舷に傾きだした。一方のコルモランも吃水線付近に命中したシドニーの砲弾により浸水が始まっていた。

シドニーはそれから間もなく転覆し沈没したのだ。そしてコルモランもしばらく進んだ後に沈没したのであった。

軽巡洋艦シドニーの沈没時の状況がどのようなものであったか、乗組員がどのように脱出したのか、すべては不明となった。シドニーの救命艇はその後一隻も発見されておらず、また救助された遭難者も皆無なのである。七〇〇名を超えるシドニーの乗組員は全員が犠牲となった。しかし一方のコルモラン側は、砲撃戦で八〇名が倒れたが、残る三一七名はコルモ

コルモラン

ランの沈没に際し救命艇で脱出したのだ。

救命艇に分乗したコルモランの乗組員は、その後消息不明となったシドニーの捜索のために現われたオーストラリア海軍の駆逐艦により救助された。しかしシドニーの生存者がゼロであるのに対しコルモランの生存者が多すぎることに、オーストラリア海軍は当初大きな疑念を抱いたのである。

つまり漂流中のシドニーの生存者をコルモランの生存者が殺戮した、という疑念を抱いたのである。

この事件については後日談がある。この事件から六〇年以上も経過した二〇〇八年三月に、オーストラリアの民間の海難船探索グループが、ロボット水中探索器を使いシドニーやコルモランが沈没したと想定される海底を探索した結果、三月十五日に至りコルモランの船体を発見したのである。

その場所はオーストラリア大陸西岸のスティーブ岬から二〇〇キロ西方の水深二五〇〇メートルの海底であった。さらにそこから二三キロ南の海底で軽巡洋艦シドニーの船体が発見されたのであった。じつはこの二三キロという距離が、長い間疑問視されていたコルモラン乗組員によるシドニー乗組員殺戮が、実際には起こり得ないことを証明するカギになったのである。

インド洋に没した英国最初の航空母艦

——標的艦のように命中弾を受けたハーミーズ

航空母艦ハーミーズは最初から航空母艦として設計され建造された、英国最初の航空母艦であった。起工は第一次大戦末期の一九一八年（大正七年）、完成は一九二四年二月である。ハーミーズは基準排水量一万八五〇〇トン、全長一八二・三メートル、全幅二一・三メートルの船体の上に、全長一八二・三メートル、最大幅二七・四メートルの飛行甲板が設けられたが、飛行甲板の先端は艦首と一体化したいわゆるハリケーンバウとなっている。

ハーミーズの主機関は最大出力二万馬力の蒸気タービン機関二基で、最高速力二五ノットを発揮した。この当時の艦載機はすべて鋼管骨組みに羽布張り構造であったために、この程度の規模の飛行甲板と速力でも、飛行機の離着艦には十分であったのだ。

本艦は同じ時代に建造された幾多の航空母艦（大半が他の軍艦または商船からの改造航空母艦）と同じく、敵水上艦艇との遭遇戦に備えて一〇～一二門の大砲を装備していたが、ハーミーズは少ない方で一四センチ単装砲六門であった。

本艦の飛行機搭載量は二〇機とされており、そのすべてが飛行甲板下の格納庫に収容されることになっていた。しかし第二次大戦が勃発したときの本艦の飛行機搭載量は一二機となっていた。これは本艦が常時大型のフェアリー・ソードフィッシュ艦上雷撃機だけを搭載することにもよるためである。

ハーミーズは第二次大戦の勃発時はイギリス海軍本国艦隊指揮下の海峡艦隊に、旧式航空母艦カレージアスとともに配置されていた。そして一二機のソードフィッシュ艦上雷撃機を搭載し、北海から西アフリカ西方にかけての中部大西洋海域でドイツ海軍の特設巡洋艦（仮装巡洋艦）、あるいはイギリスが封鎖する大西洋を突破して東南アジア方面で産出される戦略物資（生ゴム、スズ、アルミニューム、タングステン、ヤシ油など）の輸送に派遣されるドイツ高速貨物船の捜索と攻撃にあたっていた。

その合間には、アフリカ西岸のダカールに集結している、フランスの親ドイツのヴィシー政府指揮下のフランス海軍艦艇の攻撃も行なっていた。

その後太平洋戦争の勃発にともない、一九四二年二月にはイギリス東洋艦隊に配属された。このときのイギリス海軍東洋艦隊の戦力は、戦艦五隻、航空母艦三隻、重巡洋艦三隻、軽巡洋艦五隻、駆逐艦一五隻という一大戦力の艦隊となっていた。

昭和十七年四月、日本海軍はインド洋制圧の一環として、イギリス東洋艦隊の拠点基地であるセイロン島のコロンボとツリンコマリに対する空母機動部隊による航空攻撃を展開した。この機動部隊は戦艦二隻、航空母艦五隻（赤城、翔鶴、瑞鶴、飛龍、蒼龍）、重巡洋艦二

ハーミーズ

隻、軽巡洋艦一隻、駆逐艦一一隻、特設給油艦六隻という大部隊であった。

四月五日、機動部隊から艦上戦闘機三六機、艦上爆撃機三八機、艦上攻撃機五四機の合計一二八機が出撃しコロンボ港を襲った。しかしこのときイギリス東洋艦隊は同基地には不在で、戦艦と二隻の主力航空母艦を含む戦力の大半は、インド半島はるか南のアッズ環礁で補給と修理を行なっており、二隻の重巡洋艦と航空母艦一隻は、日本機動部隊来襲の情報を受け、コロンボ基地からセイロン島の東方洋上に退避していた。

このとき空母ハーミーズに搭載されていたソードフィッシュ雷撃機一二機は、コロンボの陸上基地に移動し日本艦隊の来襲に備えていたのであった。つまりハーミーズには一機の航空機も搭載されていなかったのだ（このときアッズ環礁にあった二隻の主力空母の搭載するフェアリー・フルマー艦上戦闘機もコロンボの陸上基地に移動していた）。

コロンボ港攻撃が空振りで終わった日本海軍の空母機動部隊は、四月九日に今度はツリンコマリ港を襲った。このとき

（上）九九式艦上爆撃機、（下）海中に没するハーミーズ

戦艦「榛名」を発進した索敵の水上偵察機が、南方に向かって進む航空母艦ハーミーズを発見した。

この報に機動部隊は直ちに待機していた艦上戦闘機六機と艦上爆撃機七五機を出撃させたのだ。このときの艦上爆撃機は九九式艦上爆撃機で、各機二五〇キロ爆弾一発を搭載していた。

空母ハーミーズの発見位置はセイロン島の東岸からわずか五カイリ（約九キロ）であった。艦上爆撃機群は直ちにこの航空母艦に向けて急降下爆撃を開始した。ハーミーズを攻撃したのは空母「翔鶴」「瑞鶴」「飛龍」の艦上爆撃機四五機で、「蒼龍」と「赤城」の艦上爆撃機三〇機は随伴する駆逐艦と給油艦を攻撃した。

ハーミーズを襲った艦上爆撃機の操縦員は、いずれも猛訓練と幾多の実戦出撃による艦船攻撃を経験していた錬度十分のベテランばかりであった。

これら操縦員の報告によると、攻撃した四五機中じつに三七機がハーミーズに命中弾を与えたと報告している。命中率八二パーセント（命中爆弾三七発）である。ハーミーズは迎撃する戦闘機を搭載しておらず、また対空火器もとても強力とはいえない装備で、飛行甲板はまるで標的艦の標的甲板の状態であったのだ。そして悪いことにこのとき飛行甲板上の一基のエレベーターが下降しており、船体の傾いたハーミーズの船内には開いたエレベーター口から一気に海水が侵入し、ハーミーズを急速に沈下させてしまったのであった。

ハーミーズは攻撃開始二〇分後には早くも海面下に没してしまった。そして全乗組員六六〇名の約半数の三〇六名が艦とともに沈んだ。

このとき周囲の海域で行動していた駆逐艦バンパイヤも「赤城」と「蒼龍」の艦上爆撃機一七機に襲われ、一三発の命中弾を受けたのだ。そしてその中の一発が同艦の弾火薬庫に命中したのか大爆発を起こし、船体は真っ二つに折れ急速に沈没した。乗組員二〇〇名は全員犠牲となった。なお航空母艦ハーミーズは航空攻撃で撃沈された世界最初の航空母艦というタイトルを得ることになった。

二隻の英トライバル級駆逐艦

——トブルク要塞襲撃成功せず

第二次世界大戦中に活躍したイギリス海軍駆逐艦に部族級（Tribal Class／トライバル級）という艦級がある。不思議な名称の艦級であるが、このクラスの駆逐艦の艦名にはすべて世界中の様々な部族の名前がついているのだ。

一九二〇年当時の世界主要海軍国の駆逐艦は、基準排水量は一二〇〇〜一三〇〇トン級の規模で、備砲も一二センチ単装砲四門程度、魚雷発射管は五三センチ連装または三連装二基というのが主体であった。

しかし一九二八年（昭和三年）に日本海軍が基準排水量一七〇〇トン級、一二センチ連装砲塔三基、三連装魚雷発射管三基、最高速力三八ノットという大型強力駆逐艦を出現させると、世界の海軍は驚愕を覚え、各国はこれにならって次々と新しい駆逐艦の開発を急ぐことになった。

イギリス海軍もそれまでの基準排水量一五〇〇トン以下、砲熕兵装一二センチ単装砲四〜

五門程度の駆逐艦の強化を図り、一九三五年から三六年度の艦艇整備計画で、より大型で強力な武装の駆逐艦の建造に踏み切った。

そこで最初に現われたのが部族級駆逐艦であった。部族級駆逐艦は、基準排水量一八七〇トン、最高速力三六ノット、一二センチ連装砲塔四基、五三センチ四連装魚雷発射管一基搭載というもので、それまでの駆逐艦を凌駕するものであった。本級艦の艦名にはズールー、アフロディティ、エスキモー、ソマリなど、まさに部族名が付けられ、合計一六隻が建造された。そして本級艦は第二次大戦勃発当時のイギリス海軍の主力駆逐艦となって活躍したのである。

部族級駆逐艦の最初の戦功は劇的なものであった。ドイツ海軍の特設巡洋艦（仮装巡洋艦）の補給艦として活動していたアルトマルクは、早くからイギリス海軍に追跡されていた。本艦には特設巡洋艦によって撃沈された、主にイギリス輸送船の救助された乗組員多数が収容されていた。

イギリス海軍は執拗な追跡を行ない、アルトマルクが本国に帰還する途上、ノルウェー沿岸で本艦を捕捉したのだ。捕捉に成功したのは部族級駆逐艦のコサックであった。コサックはアルトマルクに接近すると同艦を停船させ、同時にコサックの多数の乗組員が乗り移り同艦を拿捕し、収容されていたイギリス商船の乗組員全員を救出したのであった。一九四〇年二月のことである。イギリス海軍らしい破天荒な行動であった。

さらにその三ヵ月後の五月には、部族級駆逐艦の一隻ソマリが北海で活動中のドイツ海軍

ズールー（手前）

気象通報艦を捕捉し、ドイツ海軍の暗号書を入手するという大手柄を立てている。

一九四二年（昭和十七年）八月、地中海艦隊に所属する部族級駆逐艦シークとズールーに極めて特異な任務の命令が下ったのだ。高速大型そして強力な砲戦力を持っているために与えられた任務である。イギリス軍は時には極めて危険な、しかも無謀とも思える内容の作戦を実行することがある。場合によっては生還が不可能とも思える作戦も展開する。

一九四二年八月十九日にフランスのディエップ急襲作戦（作戦名、ジュビリー作戦）などはその典型である。まったく不十分な状態でヨーロッパ大陸に橋頭保を築くという作戦であるが、参加した主力のイギリス・カナダ連合部隊（七〇〇〇名）の半数以上が犠牲になり、撤退するという結果を招いたが、この作戦は後のノルマンジー上陸作戦の一つの足掛かりを築いた作戦でもあった。

二隻の駆逐艦に与えられた任務は、「ドイツ軍に占領されたリビアのトブルクを急襲し打撃を与えよ」というものであった。

当時のアフリカ・リビアの地はロンメル将軍率いるドイツ陸軍アフリカ軍団が、破竹の勢いでエジプトをめざし東進中であった。このときドイツ・アフリカ軍団はイタリア陸軍と共同作戦を展開していたが、両軍にとっての最大の問題はイタリアからの補給の問題であった。当初リビアの補給基地はベンガジであったが、軍団の東進にともない、より補給が便利なトブルクを拠点補給基地とすべくドイツ軍を中心に整備中であった。この地は地中海を横断するイタリア本土からの補給にも適しており、ドイツ軍としてはトブルクを今後の主要補給基地として整備したかったのである。

一方のイギリス軍側はこの地の整備を何としても妨害したかったのであった。そこで計画されたのが整備未完のトブルク港を急襲し、既存の設備や施設を破壊し補給基地としての整備を妨害する作戦であった。なおこの作戦は第二次大戦後に小説や映画の題材となり、映画「トブルク戦線」としてもその名が知られているものである。

急襲の実行部隊の戦力は部族級駆逐艦二隻（シーク、ズールー）と魚雷艇一八隻で、各艦艇にイギリス海兵隊（レンジャー部隊）五〇〇名を分乗させ、トブルク港に突入後は彼らを艦艇に搭載あるいは曳航して来た小型上陸用舟艇に分乗させ、海岸に上陸し、港内の諸施設や要塞砲などを破壊し、その後撤退するものであった。

一方この海上からの攻撃に呼応し、トブルクの南方の砂漠地帯から陸軍特殊部隊を突入させ、トブルクの機能を一時的に壊滅させようとする作戦も同時進行で計画されていた。

一九四二年九月十四日、イギリス海軍の二隻の駆逐艦シークとズールー、そして一八隻の

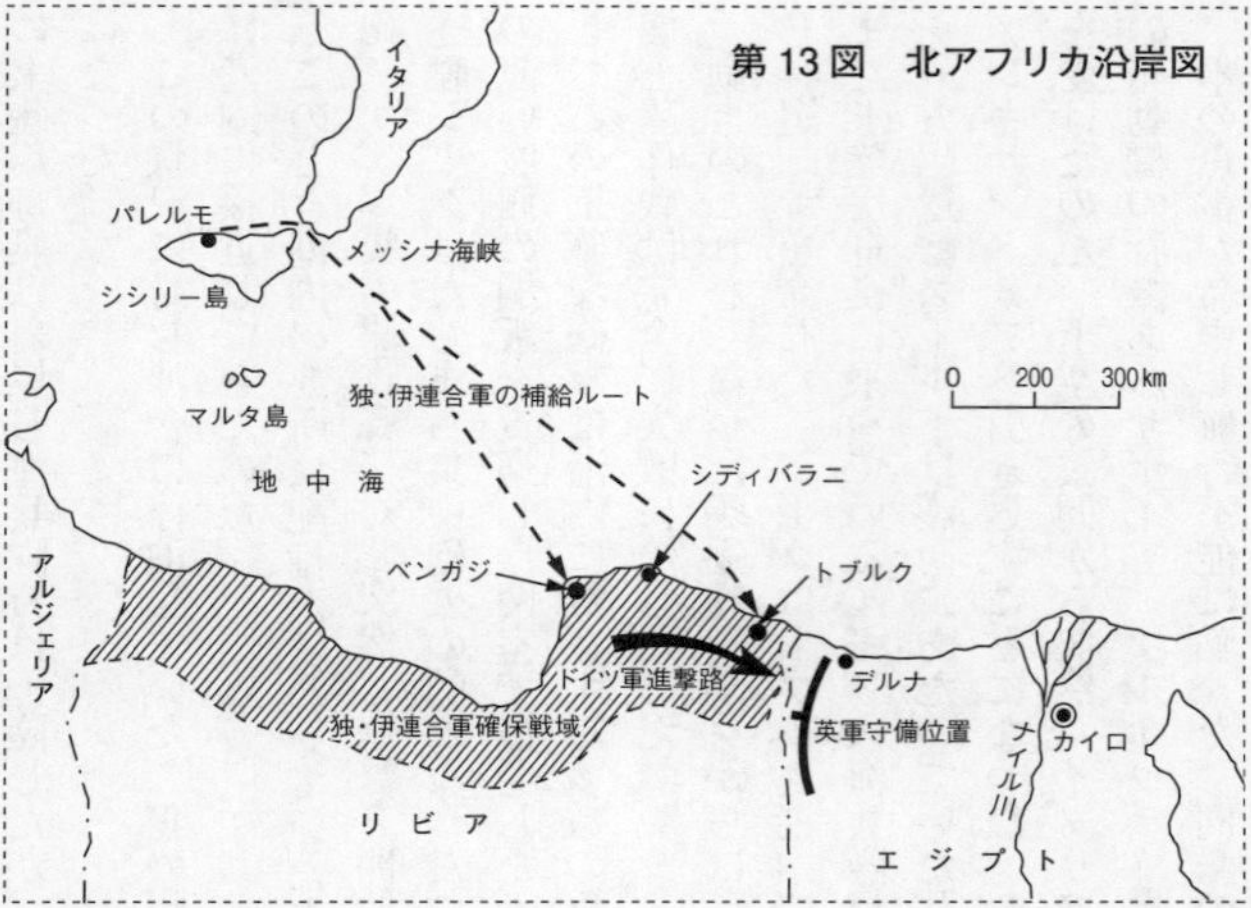

魚雷艇は、トブルク港の沖合二カイリ（約三・七キロ）に集結し、二隻の駆逐艦から降ろされた上陸用舟艇を曳航することになっていた。上陸用舟艇には駆逐艦に分乗していた海兵隊員が乗り込んだ。

このときのトブルクの状況は補給基地としてまだ十分に機能を果たせる状況にはなっていなかった。そのために既存の港湾施設の整備と荷扱い用のクレーンなど、新たな設備の設置を行なっている最中であった。そしてドイツ軍はこの地を要塞化するために、海岸砲や高射砲などの配備も進めているときであり、守備隊も配置されていた。

トブルク港内に侵入した魚雷艇は海兵隊を乗せた上陸用舟艇を曳航していたが、暗夜のために港内の状況が確認できず、上陸用舟艇を曳航した各魚雷艇は上陸場所を探すために右往左往することになったのだ。しかし一部の上陸用舟艇は着岸し海兵隊員は上陸したが、たちまちドイツ軍守備隊の反撃を受けることになった。

この状況に対し沖合に停泊していた二隻の駆逐艦は、上陸地点の援護砲撃を開始するために港内に接近してきたのだ。

このとき港内の要所に配備が終わっていたドイツ軍の数門の八八ミリ砲（高射・平射兼用砲）が、二隻の駆逐艦に対し突然、砲撃を開始した。砲撃の照準は正確であった。先頭の駆逐艦シークはたちまち集中砲火の的になった。貫通力に優れた無数の八八ミリ砲弾はシークの薄い舷側の鋼鈑を貫通し機関室で爆発した。シークはたちまち行動不能に陥ったのだ。そしてこの正確な砲撃は港内に点在する多数の魚雷艇にも向けられ、魚雷艇も撃沈された。急襲上陸作戦は完全に失敗に帰したのだ。

動きのとれなくなった駆逐艦シークからは、まだ港内に突入していない僚艦ズールーに対し「退却」を命じた。シークはトブルク港内で撃沈された。そして一部上陸し、また一部はまだ上陸用舟艇に乗っているイギリス海兵隊員四〇〇名以上が戦死したのである。

一方駆逐艦ズールーは護衛にあたっていた防空巡洋艦コベントリーとともに、エジプトのアレキサンドリアへ引き返すことになった。しかしその途上で二隻はイタリア空軍機の攻撃を受けたのだ。上空の雲間から突然、イタリア空軍の雷撃機の編隊が現われた。機体は三発の発動機の特徴あるサボイア・マルケッティ爆撃機。この攻撃で防空巡洋艦コベントリーに二本の魚雷が命中し航行不能に陥った。同艦の救助に時間を費やしたくないイギリス海軍は、

サボイア・マルケッティSM79

直ちに本艦をズールーの魚雷で沈没処分した。

コベントリーの雷撃処分の直後に再びイタリア空軍機の編隊が現われた。今度は小型の急降下爆撃機の編隊である。これらの爆撃機はイタリア空軍戦闘機マッキC200戦闘機に各機二発の爆弾を搭載したもので小回りが利いた。ズールーは軽快に飛び回るこの小型急降下爆撃機の集中攻撃を受け、多数の命中弾を受けた後撃沈されたのだ。

結果的にはトブルク急襲作戦は攻撃地点の状況も不明確なまま、なかば思いつきで決行されたような作戦であったが、その代償は大きかった。防空巡洋艦一隻、大型駆逐艦二隻、魚雷艇六隻が撃沈され、海兵隊員の大多数と各沈没艦艇の乗組員合計六〇〇名以上が犠牲になったが、得られるものは何もなかったのである。

なお部族級駆逐艦は強力な武装を持ち高性能な艦であっただけに、その後様々な作戦に投入されている。

その結果、戦争終結までに建造された一六隻中じつに一二隻が失われるという厳しい戦いを経験することになったのである。

防空巡洋艦と大型客船の激突

――巨大高速客船クイーン・メリーに乗り切られ切断される

イギリス海軍の防空巡洋艦キュラソーは、世界の軍艦史上最も珍奇な事故で失われた軍艦であり、その結果は悲惨であった。

軽巡洋艦キュラソー（CURACOA）は第一次大戦中の一九一七年から戦後の一九二二年にかけて建造された、イギリス海軍のいわゆるC級軽巡洋艦と呼ばれた巡洋艦の一隻である。C級の名称の由来は、この級の巡洋艦の艦名はすべて「C」で始まる地名（CALEDON, COVENTRY, CAPETAUNなど）が付けられたからである。

キュラソーは基準排水量四一九〇トン、最高速力二九ノットという、規模的には日本海軍の「天龍」級軽巡洋艦に相当する艦であった。

第二次大戦突入当時、C級軽巡洋艦はすでに老朽化していたが、イギリス海軍は護衛艦艇の絶対的な不足から本級艦を防空巡洋艦に改造する方針を立てた。イギリス海軍の防空巡洋艦の考想には必然的な理由があった。それはイギリス空軍戦闘機の行動半径外のイギリス本土周辺海域で、ドイツ空軍の長距離哨戒爆撃機がイギリス商船を標的とする爆撃を展開していたからであった。

ドイツはフランスを手中に収めると、大西洋に向かって突きだしたブルターニュ半島付近にドイツ空軍の長距離哨戒爆撃機（フォッケウルフＦｗ200）の基地を設け、イギリス本島やアイルランド島の西部から南部の海域を航行するイギリス商船の爆撃を盛んに行なうことになった。当時のイギリス空軍の戦闘機はいずれも航続距離が短く、これらの海域を航行する商船や船団を上空から援護することが不可能であったのだ。そのために登場したのが防空巡洋艦で、ドイツ機が出現する海域を航行する船団や主要船舶には本艦を随伴させる対策としたのであった。

Ｃ級軽巡洋艦の防空巡洋艦への改造は比較的簡単で、既存の武装を全て撤去し、そこに十センチ連装高角砲四基と七・六センチ単装高角砲四門、さらにイギリス海軍独特の四〇ミリ八連装高射機関砲一基、二〇ミリ単装機関砲四門を搭載して防空艦としたのだ（なお戦争中期以降は四〇ミリ八連装高射機関砲は撤去され、新型のボフォース四〇ミリ連装機関砲二〜三基を追加搭載している）。

当時世界最大の客船であったイギリスのキュナードライン社のクイーン・メリー（八万一二三五総トン、最高速力三二ノット）は、姉妹船クイーン・エリザベス号（八万三五〇〇総トン）とともに連合軍側にとっては最強の兵員輸送船であった。その輸送能力は最大で一度に各船一万六〇〇〇名の兵員（一個師団に相当）の輸送が可能であった。しかもこの両船は大

客船クイーン・メリー

西洋を連続二八ノット（時速五二キロ）以上で横断することが可能であった。この連続長時間の高速力は巡洋艦や駆逐艦も随伴が不可能なもので、両船はその速力を武器として常に単独航行を常としていたのであった。

（注）ドイツ海軍はこの両船を是が非でも撃沈したかったが、その高速力は潜水艦による待ち伏せ攻撃などはほぼ不可能であり、偶然に接近する機会を待つしかなかった。

ただ一九四二年の時点ではこの両船にも唯一の弱点があった。両船ともにその広い甲板上には多くの対空火器を装備していたが、イギリス本島に接近したときには防空艦の随伴は欠くことができなかったのである。そのために両船がイギリス本土に接近して来たとき、あるいはイギリス本土を離れる際、一定の距離の間は防空艦を随伴させることが定められていたのだ。その距離とはイギリス本土から西に二〇〇キロの地点と定められていた。

一九四二年（昭和十七年）十月二日、事件は起きた。

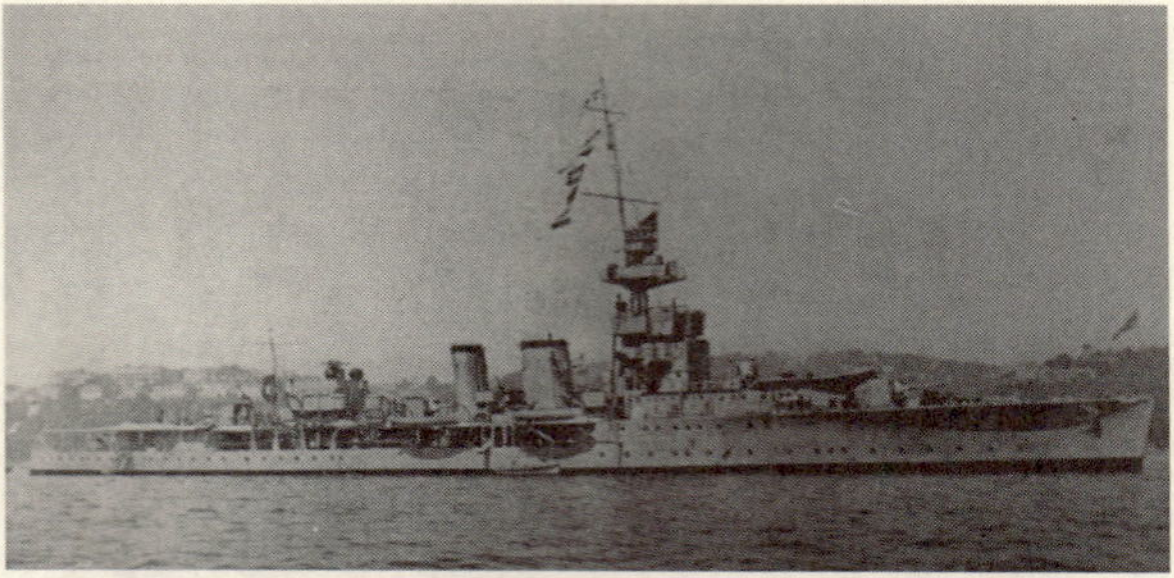

キュラソー

この日、クイーン・メリー号が一万二〇〇〇名の将兵を乗せて単独、高速でイギリスに接近していた。同号がイギリス本土から二〇〇キロの地点に達したときに、防空巡洋艦キュラソーと六隻の駆逐艦が同号と会合、以後は七隻の護衛艦がクイーン・メリーと同じ高速力でイギリスに向かうことになっていた。そして会合した時点でキュラソーはクイーン・メリーの後方に位置し同船を追跡し防空の任務にあたることになっていた。

当然のことではあるが、いかに高速力の持ち主ではあっても、クイーン・メリーは全行程を「直進」するわけではなく、敵潜水艦との会敵の機会を減らし、また雷撃の照準を狂わすために、イギリス海軍の戦時航行規定に従い特定の方法によるジグザグ航行を行なっていた。このときクイーン・メリーが採用していたジグザグ航法は別図に示す航法であった。

クイーン・メリーはこのとき全行程を二八・五ノットという速力で進んでいたが、ジグザグ航法を採用しているために、一定の区間を進むときの平均速力は二六ノットと算出されていた。一方防空巡洋艦キュラソーの最高速力は二九ノットと

第14図　輸送船クイーン・メリーと軽巡洋艦キュラソーの航跡

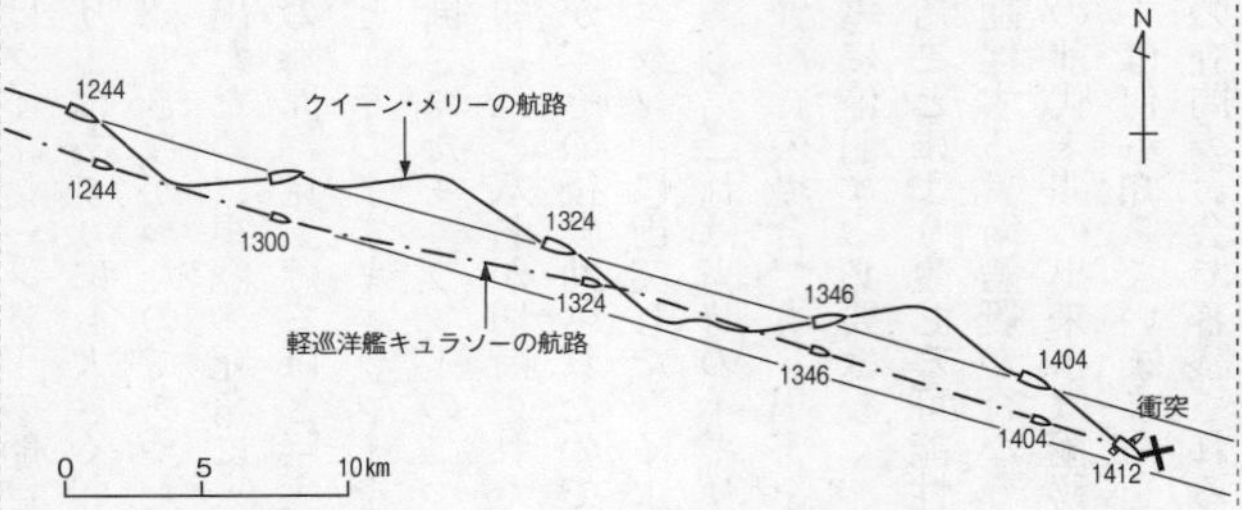

されていたが、機関の老朽化のために連続最高速力は二六・五ノットの維持が限度であった。

会合地点からキュラソーはクイーン・メリーの後方につくはずであったが、この会合直後からキュラソーはクイーン・メリーの右舷側の至近の位置で並走する態勢となっていた。クイーン・メリーと並走するときには、少し速力が遅いキュラソーはクイーン・メリーにじわじわと置き去りにされる体制となるが、クイーン・メリーはジグザグ航法を繰り返すために、直進のみのキュラソーはその遅れは取り戻せ、それの繰り返しとなるわけである。

そしてクイーン・メリーが直進からジグザグ航法に移るために舵を少し右に切ったのである。同号が右に船首を向けたことによる多少の速力の遅れが生じたとき、クイーン・メリーの右舷の至近距離を直進並走していたキュラソーは、わずかにクイーン・メリーの前に出ることになった。

しかしそれはクイーン・メリーの針路と交差する態勢となるのである。

このときキュラソーがクイーン・メリーの針路に交差す

る姿はクイーン・メリーの船橋からは視認できなかったのだ。キュラソーに比較しクイーン・メリーはあまりにも大きく、キュラソーの姿は急接近するクイーン・メリーからはまったく視認できなかったのであった。一方のキュラソー側も、一瞬だがクイーン・メリーよりも前に出たために視認の死角に入り、クイーン・メリーを回避する暇はなかったのである。

次の瞬間、見上げるほど巨大なクイーン・メリーの船首はキュラソーの左舷中央部に衝突すると、そのままキュラソーを押し倒し船体を切断し、そのまま通過していったのであった。

両断されたキュラソーの二つの船体はたちまち波間に姿を消したのであった。キュラソーの乗組員三三八名が切断された船体と共に海底に沈んだのだ。そして奇跡的に一〇一名の乗組員が、その後救助されたのである。

キュラソーに衝突したクイーン・メリーはその直後も停船することなく目的地まで進んだのである。これは当時のイギリス海軍の戦時艦船航行規定によるもので、船団航行の場合でも単独航行の場合でも、損害を受け沈没の危機にある艦船がある場合、例えば衝突した船はその場に停船する必要はなく、そのまま直進することが定められているのである。これは停船することにより生じる可能性のあるドイツ艦艇の攻撃を避けるためである。そして救助作業は随伴する護衛艦艇が行なうことになっているのである。

この前代未聞の出来事は極秘に伏せられ、戦後を待った。防空巡洋艦キュラソーの乗組員の多くは何も知らないまま命を失ったことになるのである。ただ事件は極秘の中でイギリス海軍の査問委員会で審議されることになり、衝突の原因が明らかにされ責任の所在も明確になったのは、戦後の一九四七年六月のことであった。

本事件に関わる海難審判が下した事故責任の比率は、海軍側に三分の二の責任があり、キュナードライン社側に三分の一の責任がある、というものであった。その理由は防空巡洋艦キュラソーがクイーン・メリーのジグザグ航法の針路を妨害したことにより発生したもの、と結論づけられたためであった。

護衛空母の弱点とは

——脆弱な護衛空母の構造が招いたアヴェンジャーの爆沈

イギリス商船隊は第二次世界大戦勃発のその日から、ドイツ潜水艦の雷撃の洗礼を受けた。そしてその後もイギリス商船隊はドイツ潜水艦から想定外の損害を受け続けることになる。

戦争勃発の初年の一九三九年は、わずか四ヵ月間で二二一隻、七五万五〇〇〇総トンが失われ、翌一九四〇年は一〇五九隻、三九九万二〇〇〇総トン、一九四一年には一二八九隻、四三二万九〇〇〇総トン、そして一九四二年には一六六四隻、七九九万一〇〇〇総トンへと激増するばかりであった。

この状態が今後も続くのであれば、イギリス商船隊は早晩壊滅する危機に曝されることになるのが確実となってきた。

イギリス海軍は戦争勃発直後から護衛艦艇の急速建造を進め、商船隊の危機の回避に全力を挙げていた。ただ一九四〇年六月にフランスがドイツに降伏することにより、イギリス商船隊の被害の状況はさらに悪化することになったのだ。それはドイツ空軍がフランスのブルターニュ半島に航空基地を開設し、そこに長距離哨戒爆撃機を配置し、イギリス本国基地に配置されたイギリス戦闘機の行動半径外の位置、つまりイギリス本島やアイルランド島の西方、西南方、南方の様々な地点を航行するイギリス船団に対し、ドイツ空軍の長距離哨戒爆撃機は低空からの無抵抗な輸送船に対する、銃爆撃を仕掛けて来たのだ。そしてその損害は日増しに増加していったのであった。今やイギリス商船隊は空と海中の双方から攻撃を仕掛けられる状態となったのである。

この攻撃に対する最適な防御手段は船団に航空母艦を配置し、つねに迎撃と哨戒を展開することにより、海空からの攻撃を阻止することが理想的な防御体制であった。しかし限られた正規航空母艦でそれを実行することは不可能であった。

イギリス海軍はこの状況に一計を案じた。それは適当な商船の船体に簡単な改造を施し飛行甲板を設け、特設の航空母艦を造り上げることであった。そしてこの航空母艦に五〜六機の飛行機を搭載し、迎撃と対潜哨戒を行なわせることであった。

イギリス海軍は直ちにこの試案を実行に移した。手持ちの商船に簡単な改造を加え、飛行甲板を設け、そこに六機の戦闘機が搭載できる船団護衛用の特設航空母艦（護衛空母）オーダシティーを造り上げたのだ。一九四一年六月のことである。

この特設の船団護衛用の航空母艦は見事に期待に応えたのだ。十二月までに船団を攻撃してきたドイツ長距離哨戒爆撃機五機を撃墜し、護衛艦艇と共同でドイツ潜水艦一隻（U751）を撃沈した。

イギリス海軍は、同じ頃にアメリカ海軍で独自に試作的に造り上げた、商船改造の護衛空母一隻の供与を受けていた。アメリカから供与された護衛空母は、アメリカ海軍が独自に民間から買収した二隻のC3型規格型貨物船を改造し、護衛空母に改造したものの一隻であった。

その後、イギリスはアメリカから引き続き同型の護衛空母三隻の供与を受けたが、その一隻がアヴェンジャーであった。本艦は前身は一九四一年初めに完成したばかりのC3型貨物船リオ・ハドソンであった。リオ・ハドソンは総トン数七八〇〇トン、全長一五〇メートル、最大出力八五〇〇馬力のディーゼル機関一基を備え、最高速力一六・五ノットという貨物船であった。

アメリカ海軍は本船を買収すると船体上部の一部構造物を撤去し、そこに全長一二五メートルの飛行甲板を設置し、飛行甲板の前端には一基のカタパルトを配置した。そして船体後部の飛行甲板下の空所は格納庫として組み上げ、飛行甲板とをつなぐエ

アヴェンジャー

レベーター一基を配置した。この格納庫には一五機の航空機を収容することが可能であった。

この特設の航空母艦の船体は本来が貨物船であるために、船体の外板や隔壁などは商船そのものの鋼材と構造で仕上がっており、防弾鋼鈑などは張られてはいなかった。つまり爆弾や魚雷の命中に際しての防御策は何も講じられていなかった。

また航空機が搭載する爆弾や爆雷の貯蔵庫や航空機用の燃料タンクは、船体後部の本来の船倉の一部に設けられており、その周辺は特別に厚い防弾鋼鈑で覆うなどという防弾対策も講じられていなかった。このような商船に簡便な改造を施し特設の航空母艦を造り上げることが、アメリカ海軍やイギリス海軍が考え出した、船団護衛用の特設の簡易式護衛空母だったのである。

護衛空母アヴェンジャーは一九四二年（昭和十七年）三月にイギリス海軍に引き渡された。そして直ちに船団護衛の任務についたのであった。アヴェンジャーはその後、船団護衛中の九月に、同艦から出撃した航空機が発見したドイツ潜水艦（U589）を護衛艦艇と共同で撃沈する戦果を挙げている。

アヴェンジャーは一九四二年十一月八日から開始されたアメリカ・イギリス連合軍による北アフリカ上陸作戦に参加し、搭載する航空機で上陸部隊の支援を行なったが、大きな被害もなく終了と同時にイギリス本国へ戻ることになった。そしてその途上、ジブラルタルから物資輸送任務を終えた船団の護衛につくことになった。

十一月十五日、船団がジブラルタルを出発しジブラルタル西方沖に達したとき、護衛空母アヴェンジャーの右舷後部吃水線下に突然、一発の魚雷が命中し爆発した。魚雷を放った潜水艦は歴戦のドイツ潜水艦U155であった。

不運であった。脆弱な構造のアヴェンジャーの後部船体の吃水線下は、魚雷の爆発により大きく破壊された。この爆発により後部船倉に設置されていた航空機用燃料タンクの配管が一気に破壊され、その衝撃で燃料タンクが爆発したのだ。そして不運にもこの爆発が隣接する爆弾・爆雷庫を破壊したのだ。そしてその衝撃で搭載されていた大量の爆弾と爆雷が誘爆し、アヴェンジャーの船体後部は一瞬にして大規模に破壊され、船体はそのまま急速に海面下に没してしまったのだ。

脆弱な商船の船体にはこの爆発に耐えるだけの強度はなかった。この爆発でアヴェンジャーの全乗組員五五五名の中で生存者はわずかに一七名であった。

商船改造の護衛空母の同じような悲劇はアヴェンジャーばかりではなかった。アメリカ海軍の護衛空母や日本の特設航空母艦などは、いずれも多数の犠牲者を出すことになった。

ドイツ　イタリア海軍

戦艦アドミラル・グラーフ・シュペーの自沈
——苦悶の末に選ばれた戦艦の自沈と艦長の自決

ドイツ海軍の装甲艦アドミラル・グラーフ・シュペーの戦歴とその最後はあまりにも有名である。ここでは改めてその戦歴と最後について紹介してみたい。本艦の最後には艦長ハンス・ヴィルヘルム・ラングスドルフ海軍大佐も己が身をもって付き添った。

第一次大戦後のドイツはベルサイユ条約によって、その再軍備は厳しく制限されていた。海軍の艦艇保有量は基準排水量で六万トンとされ、建造される艦も最大基準排水量一万トン以下、搭載する主砲の口径は最大二八センチと制限されていた。つまり同じ一九二〇年代初期の列強海軍国の戦艦規模の軍艦は一隻も保有できないことになるのである。

そのような中でもドイツ海軍はある程度の戦闘力を持つ戦闘艦の建造を進めていた。その答えとして出現したのが基準排水量一万トン、二八センチ砲六門を搭載する「装甲艦」であった。戦艦の規模までとはいかないが戦艦に近い戦闘力を持つ軍艦という意味で、列強海軍はこの新しいタイプの装甲艦を小規模戦艦、言い換えて「ポケット戦艦」と称した。

本艦の際立った特徴に武装と主機関があった。武装は二八センチ三連装砲塔二基搭載と五三センチ四連装魚雷発射管二基の搭載である。また主機関には当時その実力が認められ大型商船、とくに大型客船に積極的に採用が始まったばかりの大馬力ディーゼル機関を採用したことであった。本艦の主機関になぜディーゼル機関を採用したのか、そこにはドイツ海軍としての深遠な将来に向けての戦略が見られるのである。

本艦に装備されたディーゼル機関で本艦を航海速力一〇ノットで運航した場合、その航続距離はじつに二万一五〇〇カイリ（約三万九八〇〇キロ）になるのである。この長大な航続距離は蒸気タービン機関では実現できない値であり、多少の最高速力の犠牲を払っても将来展開する可能性がある長距離作戦には極めて有利な能力となるのである。

ドイツ海軍は第一次大戦の経験を踏まえ、将来的に起きる可能性が無ではない戦争に際し、本艦を再び通商破壊作戦に送り出す考えが決して「無かった」とは言えないのである。

その場合、有事に際しては大西洋周辺にはドイツと友好関係を結ぶ国が存在しないと仮定すれば、可能な限り長い航続力を持ち長期間作戦が展開できる軍艦を作ることは有利なはずである。

本艦の主機関に選ばれたのはMAN社の最大出力一万三五〇〇馬力のディーゼル機関四基（合計五万四〇〇〇馬力）で、最高速力二八・五ノットを可能にした。

装甲は戦艦以下、重巡洋艦以上で、舷側装甲は八〇ミリ装甲で甲板装甲は四〇ミリとなっていた。推進は二基のディーゼル機関で一軸を回転させる方式が採られており、艦首水面下

アドミラル・グラーフ・シュペー

にはドイツ海運界期待の大型高速客船ブレーメンとオイローパで初めて採用された、ユーケビッチ船体理論に基づいた最新理論の球状船首（バルバスバウ）が採用されており、造波抵抗を抑え機関出力を有効に使う工夫が凝らされていた。

アドミラル・グラーフ・シュペーはこの装甲艦（ポケット戦艦）の三番艦として、一九三六年一月に完成した。そして完成後の八月にはレーダーがドイツ艦船で初めて装備されている。

第二次大戦勃発を前にして同艦は姉妹艦であるアドミラル・シェーアとともに、ひそかにキール軍港を出港し大西洋に消えていったのだ。目的はイギリスを中心とするドイツに敵対する国の商船の拿捕と撃沈であった。事実シュペーとシェーアは第二次大戦勃発と同時に大西洋で「商船狩り」を開始した。シュペーは中部および南大西洋、そして一時的にはインド洋まで侵入し、持ち前の長航続力を活かして長期間の長距離作戦を展開したのである。

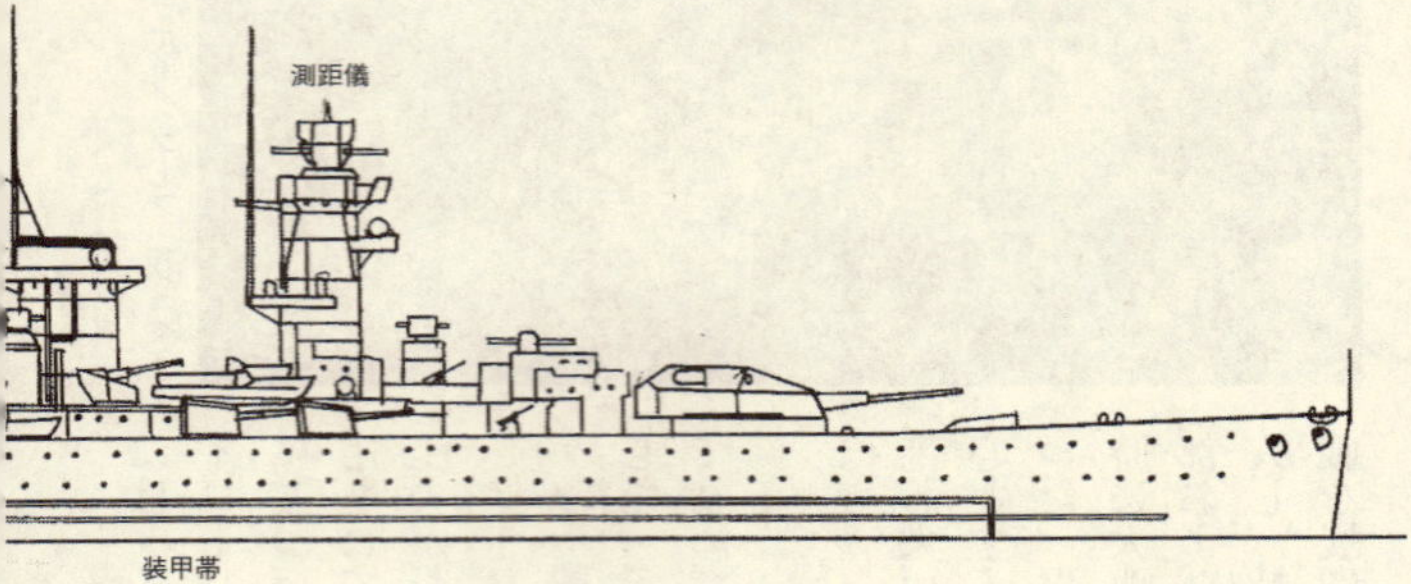
測距儀
装甲帯

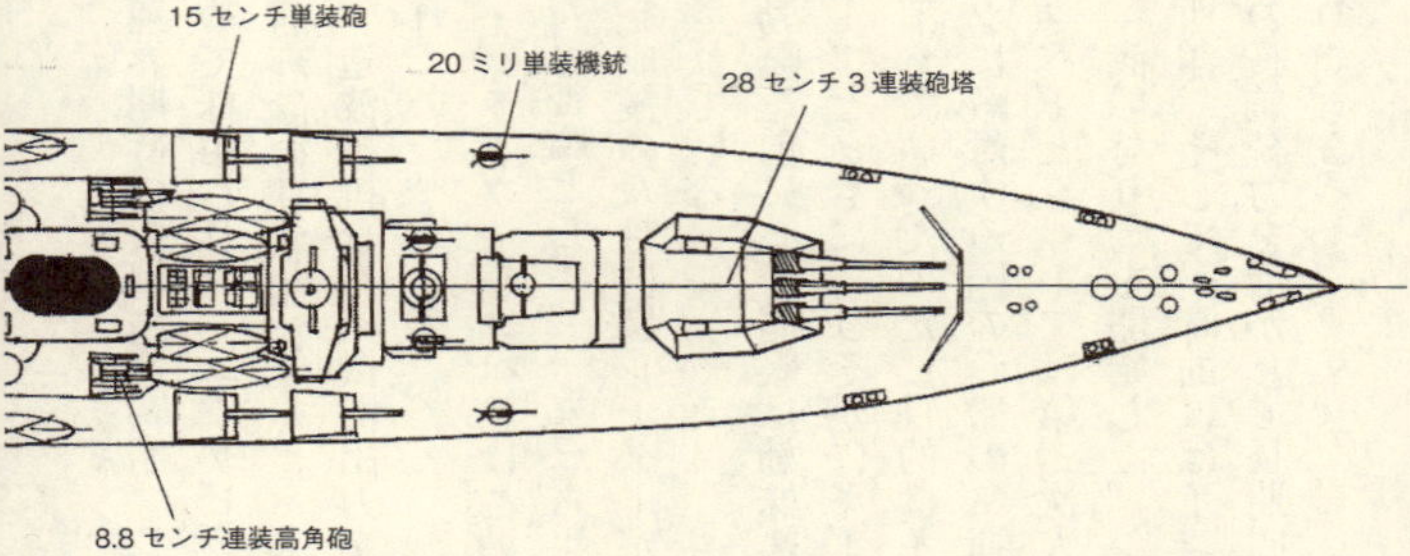
15 センチ単装砲
20 ミリ単装機銃
28 センチ 3 連装砲塔
8.8 センチ連装高角砲

第15図　装甲艦アドミラル・グラーフ・シュペー

常備排水量　12100トン
全　　長　186.0メートル
全　　幅　21.7メートル
主 機 関　ディーゼル機関4基
合計出力　54000馬力(合計)

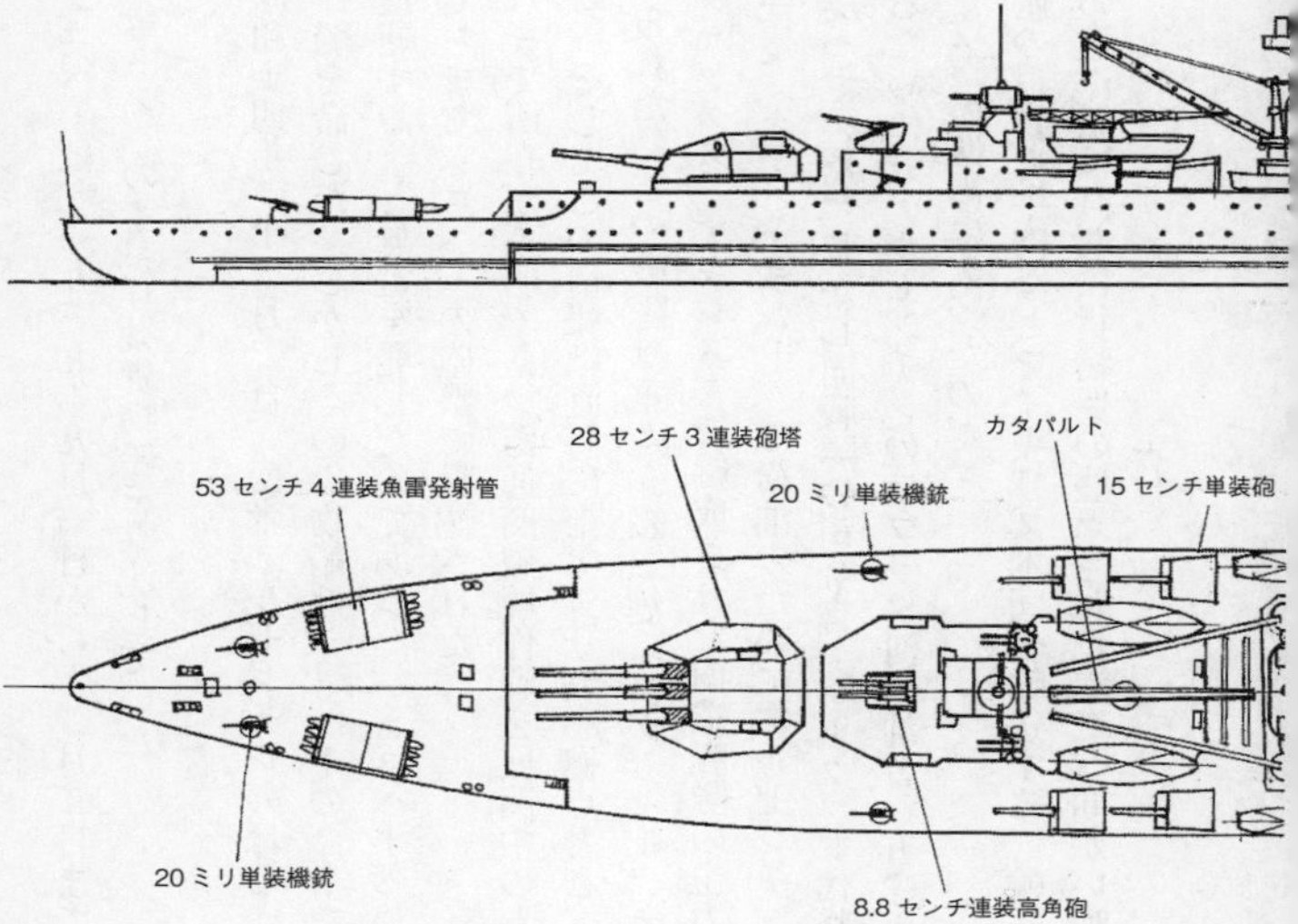

アドミラル・グラーフ・シュペーは、一九三九年九月一日から十二月二日までの三ヵ月間で一〇隻（概算五万七〇〇〇総トン）のイギリス貨物船を撃沈していた。

シュペーは一九三九年（昭和十四年）十二月二日、南米アルゼンチンのはるか沖合でイギリスの貨物船一隻を発見し停船を命じた。しかしその貨物船はシュペーの命令を拒絶し、イギリス艦隊に対し「敵艦に遭遇する」と無電を発したのであった。シュペーの停船と無電封止に背いたその貨物船は、たちまちシュペーの砲撃で撃沈された。

しかしこの無電によりそれまで所在が不明であった通商破壊作戦を展開中のドイツ艦の位置が明らかになったのである。そしてこの情報は直ちに南アメリカを拠点として捜索にあたっていたイギリス戦隊に送られた。この戦隊は重巡洋艦二隻（エグゼター、カンバーランド）と軽巡洋艦二隻（エイジャックス、アキレス）で編成された南遣艦隊の主力であったが、このとき同戦隊の重巡洋艦一隻（カンバーランド）は給油のためにアルゼンチン沖のイギリス領フォークランド基地に戻っていた。しかし同戦隊の司令官（ハーウッド代将）は三隻の巡洋艦でこの敵艦を攻撃するために、アルゼンチンのラプラタ河口沖合一五〇カイリ（約二八〇キロ）の地点で会合し、攻撃の準備に入ったのだ。

この海域はアルゼンチン産の穀物や牛肉などをイギリス本国へ輸送する、輸送船の主要航路となっていたのだ。三隻の巡洋艦は直ちに貨物船の襲撃された海域へ向かい哨戒を開始した。

(上)エクゼター、(下)エイジャックス

十二月十三日の早朝、捜索戦隊の旗艦エイジャックスの見張員がはるか東方海上に一隻の軍艦らしき姿を発見した。司令官は直ちにこの正体不明の軍艦を確認するために重巡洋艦エグゼターを先行させた。エグゼターが正体不明艦から二万二〇〇〇メートルまで接近したとき、その正体不明の艦はエグゼターに向けて突然、砲撃を開始したのだ。正体不明の艦はドイツ海軍のポケット戦艦であることが確認された。そのときにはその間に発射された砲弾は早くも重巡洋艦エグゼターを捕らえ始めていた。

この時点でエグゼターの艦首の二基の二〇センチ砲塔は、早くも敵艦の二八センチ砲の命中弾を受け破壊され機能しなくなっていた。エグゼターは敵艦に接近することを中止し一旦後退することにしたが、敵艦はエグゼターにとどめの攻撃をするために方向を変え接近してきたのだ

このときエグゼターの後方から接近していた二隻の軽巡洋艦が敵艦に対し一五センチ主砲の射撃を開始したのである。敵艦もこれに応え二隻の軽巡洋艦に対し砲撃を開始した。ただこのとき敵艦側もエグゼターの残る二〇センチ砲の射撃で命中弾を受け、各所が破壊されていた。しかしまだ致命傷とはなっていなかった。

砲撃しながら迫る二隻の軽巡洋艦にも敵艦の二八センチ主砲弾は命中していた。軽巡洋艦アキレスの射撃指揮所に敵弾が命中し、集中射撃装置は機能しなくなっていたが、アキレスは砲側照準で射撃を継続していた。またこの間に軽巡洋艦エイジャックスの後部砲塔も命中弾により機能を停止していたが、それでも艦首砲塔の射撃は続けていた。このとき敵艦とイギリス軽巡洋艦との距離は七〇〇〇メートルまで接近していたのだ。

やがて二隻の軽巡洋艦の一五センチ砲弾は、激しい砲撃戦のためにその残弾は少なくなっていた。一方の敵艦（アドミラル・グラーフ・シュペー）は二〇センチと一五センチの多数の命中弾を受け各所が破壊されていたが、まだ機関部は十分に機能していた。しかしイギリス巡洋艦と同じく二八センチ主砲の残弾が少なくなっていた。

シュペーの最期

イギリス戦隊ハーウッド司令官はこの時点で一旦砲撃戦を中断し、夜に入るのを待つことにしたのである。暗くなって敵艦に接近戦を挑み魚雷攻撃を仕掛ける計画であったのだ。

このイギリス巡洋艦が一旦後退する状況を見逃さず、アドミラル・グラーフ・シュペーは直ちに高速で西方に進んでいったのである。同艦はこの地点から五〇〇キロ西方にある中立国ウルグアイのモンテビデオ港に退避するつもりであったのだ。

一方のイギリスの三隻の巡洋艦も西方に進む敵艦と距離をおきながら追跡を開始した。敵艦は予想どおりモンテビデオ港に入港した。三隻の巡洋艦はモンテビデオ港の領海外の位置で警戒停泊することになった。そしてこの間に給油を終了した重巡洋艦カンバーランドの到着を待つことにしたのである。

ハンス・ラングスドルフ艦長は、入港と同時にウルグアイ政府と交渉を開始していた。彼としてはすでに主砲の残弾も少なくなり、一方のイギリス側は損傷はしているがまだ戦闘能力を持つ三隻の巡洋艦が存在し、まもなくイギリス主力艦隊も到着するであろう。ドイツ側としては当面艦を同港に仮泊させ、その間に損傷個所を修理し、イギリス艦隊の隙を見て脱出する計画であったのであろう。

しかし事態は厳しい結果となったのである。ウルグアイ政府はアドミラル・グラーフ・シュペーの港内停泊は認めたが、それは二四時間以内と命じたのである。二四時間後に艦を出港させても、その結果は敵艦の袋叩きの砲撃を受けるだけである。すでに艦は手負いの状態である。ハンス・ラングスドルフ艦長は一つの結論に達したのだ。

二四時間後に彼は艦を出港させるとラプラタ河口のウルグアイの領海外で停止させた。そこにドイツ海軍の給油艦タコマが接近し停泊すると、シュペーの乗組員は艦長を含め全員が同艦に移ったのである。このときシュペーの弾火薬庫には爆薬が仕掛けられていた。そしてすべてが終わった後、アドミラル・グラーフ・シュペーは大爆発と共に自沈したのであった。その直後、ラングスドルフ艦長は「シュペーの自沈の責任はすべて自分にある」とする遺書を残し拳銃で自らの頭を撃ち自決したのだ。

アドミラル・グラーフ・シュペーは二八センチ主砲を搭載し、二〇センチや一五センチ主砲を搭載する巡洋艦に比較すれば格段に強力な戦闘力の持ち主であった。しかしそれを超越し非力な巡洋艦で対等な戦闘を挑んだイギリス海軍魂は大きく評価されるべきものであろう。なおこの海戦で勇戦した重巡洋艦エグゼターは二年後に日本海軍の重巡洋艦などの攻撃で失われている。

フィヨルド内での不覚の沈没

——旧式魚雷に撃沈された最新鋭の独重巡洋艦ブルッヒャー

重巡洋艦ブルッヒャーは新生ナチス・ドイツ海軍がベルサイユ条約を無視して建造した四隻の新型重巡洋艦アドミラル・ヒッパー級の二番艦で、完成は第二次大戦勃発の一九三九年九月であった。なお三番艦プリンツ・オイゲンは翌年八月に完成しているが、四番艦ザイドリッツは未完に終わっている。

本艦は基準排水量一万三九〇〇トン、最高速力三二・五ノット、二〇センチ連装砲塔四基、五三センチ三連装魚雷発射管四基を搭載する堂々たる重巡洋艦で、その規模は日米英の当時保有していた重巡洋艦を凌駕するほど強力な艦であった。

一九四〇年（昭和十五年）四月、ドイツはノルウェー侵攻作戦を発動する計画であった。国土が峻険なノルウェーへの侵攻は、隣国が中立国のスウェーデンでもあり困難が予想されたが、ドイツ軍は海上から六ヵ所の地点に強行上陸を企てる準備をしていた。

各上陸部隊はポケット戦艦や巡洋艦に援護された駆逐艦や水雷艇あるいは機動掃海艇、特設哨戒艇に上陸部隊を分乗させ、上陸地点で各艦艇に搭載されてきた上陸用舟艇を降ろし、これに将兵を移乗させ上陸地点に向かわせる手段をとったのである。

この六ヵ所の上陸地点の中でも最も重要なのは首都オスロ至近の海岸で、オスロフィヨルドの奥まで進み上陸部隊を発進させる計画になっていた。このオスロ上陸部隊の援護部隊の主力となったのが完成直後の新鋭重巡洋艦ブルッヒャーであった。

オスロは全長七二キロの幅の狭いフィヨルドの最奥に位置しており、途中にはカホルム島という小さな島が存在し、オスロへ向かう船舶はその島と対岸とのわずか一〇〇〇メートルという狭いドレバク水道を通過しなければならなかった。

オスロ上陸部隊は上陸将兵を分乗させた水雷艇三隻と機動掃海艇八隻が主体となり、これをポケット戦艦リュッツオ、重巡洋艦ブルッヒャー、軽巡洋艦エムデンが援護する態勢になっていた。

しかし上陸部隊がオスロフィヨルドに突入する直前に、旗艦リュッツオがイギリス潜水艦の雷撃を受け大破し、行動不能になるというアクシデントが発生したのである。しかし上陸部隊はそのままオスロフィヨルドの奥へと進むことになった。

一九四〇年四月八日の深夜、上陸部隊は重巡洋艦ブルッヒャーを先頭にこのドレバク水道に差しかかった。ドイツ軍の事前の調査ではカホルム島の海岸には、二八センチと一五センチ海岸砲を備えた砲台数ヵ所が配置されていることは確認されていたが、それらはいずれも第一次大戦当時の旧式砲であると報じられており、上陸部隊はその反撃には巡洋艦の主砲の

ブルッヒャー

砲撃で十分に対処できると判断していたのだ。
しかしドイツ軍の事前の調査で見落とされていた要塞が実際には存在したのだ。それは擬装されて設置されていた陸上の魚雷発射台であった。その数は九ヵ所であるが、これらの発射台に配置されていた魚雷発射管は、第一次大戦以前の一九〇五年にドイツから輸入して配置したもので、しかも配備されていた魚雷も同じ時期にドイツのフューメ社から購入した旧式の魚雷であった。この魚雷は直径五三センチで長さ五メートル、速力四〇ノットでの最大射程一〇〇〇メートルというもので、炸薬量はわずか一〇〇キロで当時の欧米海軍の標準艦載魚雷の三分の一程度の威力しか持っていなかった。
しかしノルウェー軍としては旧式魚雷にはある程度の期待はかけていた。もし敵艦がこの水道に侵入してくれば水道を通過する敵艦艇までの射程は五〇〇メートル以内と推定され、しかも危険水域であるために航行速力も遅く照準も容易であり、九門の発射管から発射される魚雷により敵艦艇に大きなダメージを与えることは可能と考えていたのである。
四月九日未明、オスロフィヨルドの入り口付近を哨戒中のノルウェー海軍の哨戒艇が、多数の艦艇がオスロフィヨルドに向かって進んでいくのを発見した。その哨戒艇からは直ちにノルウェー海軍司令部に緊急情報として事態が報じられたが、その哨戒艇はドイツ艦艇の砲撃でたちまち撃沈されてしまったのだ。

　正体不明の艦艇群のフィヨルドへの侵入の情報は直ちにカホルム島の各要塞に伝えられ、厳重な警戒態勢に入った。ただこのとき砲台と魚雷基地の司令官には一抹の不安があった。当時の状況から侵入してくる艦艇群がドイツ軍部隊であることは十分に承知していたが、ノルウェーとドイツの間では、この時点では開戦の事態には至っていなかった。つまり砲台司令官はノルウェー側が宣戦布告なしで、通過するドイツ艦艇群に向けて大砲と魚雷を発射することに悩んだ。しかし事は重大である。ドイツ側の戦闘艦艇の無警告の領土内通過である。砲台司令官は正体不明の艦艇が水道を通過するときに攻撃を下す決断をした。

　暗夜のドレバク水道にドイツ艦群が侵入してきた。先頭は重巡洋艦ブルッヒャーである。狭い水道を通過するので速力は落とされていた。砲台司令官は直ちにドイツ艦に向けて砲撃を命じるとともに魚雷の発射を命じた。

　数百メートルの至近距離から撃ち出される二八センチ砲と一五センチ砲の砲弾は、ことごとくブルッヒャーの上部構造物に命中し炸裂した。まずブルッヒャーの艦橋に砲弾が命中し爆発、艦長を含む多くの乗組員が戦死した。さらに甲板上で炸裂した砲弾は、そこに積み上げられていた上陸部隊の弾薬類を誘爆させたのだ。ブルッヒャーの甲板では爆発が続いた。さらにブルッヒャーの艦尾舷側にも砲弾が命中し、舷側を貫通し内部の操舵装置を破壊した。大型重巡洋艦は狭い水道上で早くも操舵の自由を失い、上部構造物では破壊が続いていた。

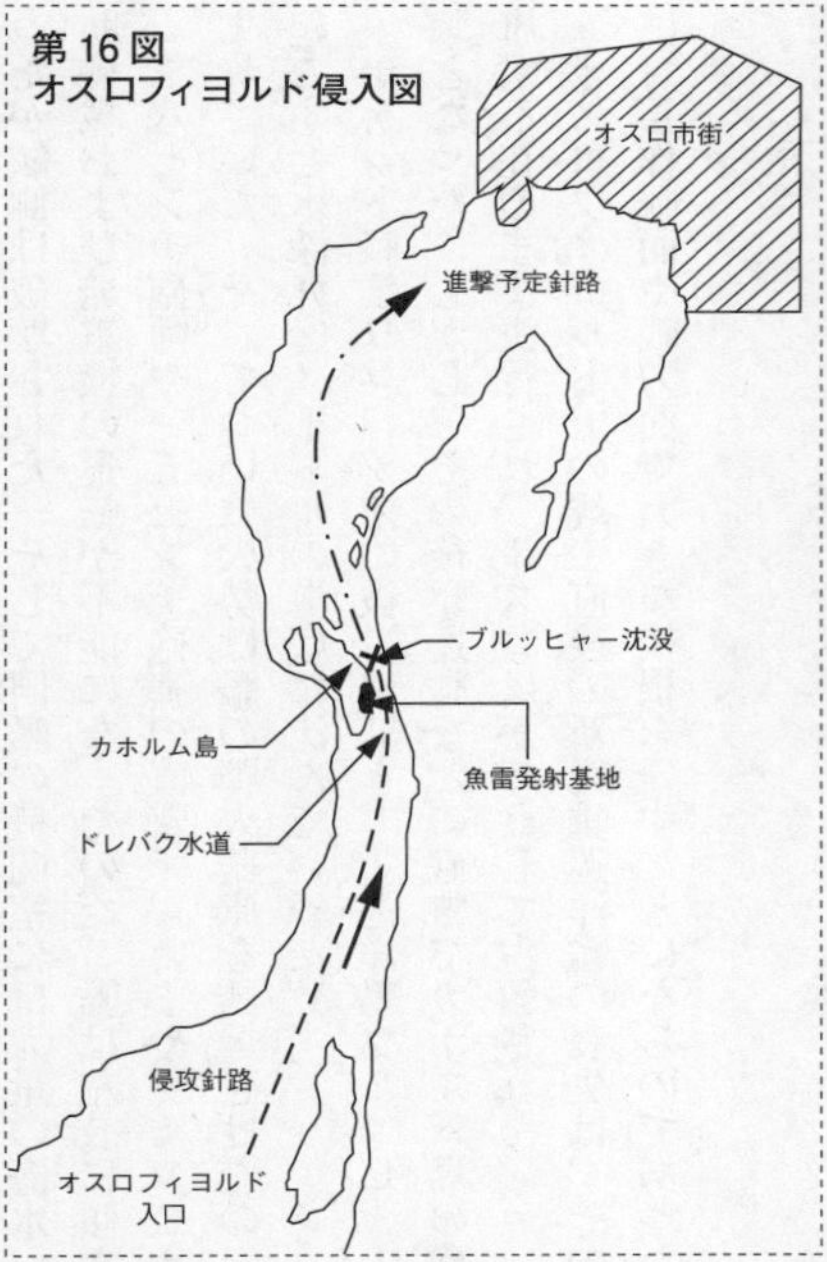

第16図
オスロフィヨルド侵入図

そして、なおも進むブルッヒャーに向かって擬装されていた魚雷発射管から魚雷が発射されたのだ。

ブルッヒャーは操舵の自由を失ったのであろう、カホルム島にわずか三〇〇メートルの位置を通過中であった。魚雷にとってはあまりにも至近距離の射程で魚雷は発射された。しかし設置以来すでに三〇年以上も経過している発射管はすべてが完全に機能したわけではなかった。二基の発射管は作動せず魚雷は発射されなかった。また発射された五本は機能不全であったらしく発射後海底に沈下してしまった。残りの二本は敵艦に向かって進んでいったが、一本は途中で針路がはずれて至近距離の目標であったが命中しなかった。

そして残りの一本の魚雷はブルッヒャーの左舷中央部吃水線下の舷側に命中し爆発した。わずか一〇〇キログラムの炸薬の爆発であったが舷側は破壊された。そして同艦の機関室には大量の海水が侵入し、すべての機関や補助機械および発電機の運転が不能になったのだ。艦は左舷に傾き始めた。

二八センチ砲弾や一五センチ砲弾の直撃で、いまやブルッヒャーの外部も艦内も猛火に包まれていた。そしてついに火勢は艦の弾火薬庫を誘爆させたのだ。ブルッヒャーは大爆発を起こすと水深九〇メートルの海底に沈んでいった。

ポケット戦艦リュッツオの被雷に続き、重巡洋艦ブルッヒャーの爆沈は侵攻軍に大きな打撃となった。しかし、その後駆逐艦などの砲撃でカホルム島の砲台は破壊され、上陸作戦は旗艦不在のまま決行され、オスロはかろうじて占領された。

オスロフィヨルドでの竣工直後の新鋭重巡洋艦の喪失は、その後のドイツ海軍の水上戦闘に対し作戦面や戦力面で大きな禍根を残すことになるのであった。

世界最悪の船舶撃沈事件

――避難民を乗せた特設輸送船ヴィルヘルム・グストロフの惨劇

ヴィルヘルム・グストロフ号はナチス・ドイツが建造した特殊大型客船である。本船は第二次世界大戦の勃発と同時に海軍に徴用されバルト海で特設病院船として活動したが、その後、海軍特設宿泊船という極めて特別な目的で使われることになった。しかしその最後は、現在に至るまで平時・戦時を問わず、最悪・最大の遭難者を記録した事件を引き起こすこととなったのだ。その原因は超満員の避難民を乗せた本船が、ソ連潜水艦が放った三本の魚雷で撃沈されたからである。

大戦勃発時、多くのドイツ商船は事前の通告によりドイツ国内の港で待機状態であった。そして戦争の勃発と同時にすべてのドイツ商船はドイツ海軍に徴用され、何らかの任務を帯びることになった。その任務は特設巡洋艦（仮装巡洋艦）、特設駆逐艦母艦、特設水雷艇母艦、特設潜水艦母艦、特設魚雷艇母艦、特設病院船、特設輸送艦などであった。

なかでも多くの貨物船は特設輸送艦となり、独ソ戦開戦後はドイツ諸港とバルト海東部の

客船ヴィルヘルム・グストロフ

ソ連諸港の間で将兵や物資の輸送に運用され、幾隻かの大型客船は特設病院船として北部ロシア戦線で負傷した将兵の治療や本国への帰還輸送に運用された。大型特殊客船ヴィルヘルム・グストロフも当初は特設病院船として運用されたが、一九四〇年十一月に特殊任務の特設宿泊船として使われることになった。

ドイツ海軍は一九四〇年後半より潜水艦の大量建造を開始した。ヒトラー総統の命令によりドイツ海軍の今後の活動は水上艦艇ではなく、潜水艦中心の戦術を展開するという方針が打ち出され、潜水艦の大量建造が開始されたのである。そしてそれと同時に潜水艦乗組員の大量養成が求められたのだ。

ドイツ海軍は潜水艦乗組員の大量養成の場所として、占領したポーランド北東部の港湾都市グディニア（ドイツ呼称、ゴーテンハーフェン）を選定し、急遽海軍潜水艦学校を建設した。そして同時に大量の生徒の宿泊施設の準備に入ったが、ここで導入されたのがドイツ国内の港に在泊中の大型客船を生徒用寄宿舎として使うことであった。そしてこの宿泊船として最有力候補となったのが第二次大戦直前に建造された二隻の特殊大型客船ヴィルヘルム・グストロフとロベルト・レイであった。

この二隻はいずれも一五〇〇名以上の乗客の収容が可能で、その客室も画一化され、まさに寄宿舎にはうってつけの配置となっていたのだ。

第17図　グストロフ号の船室図

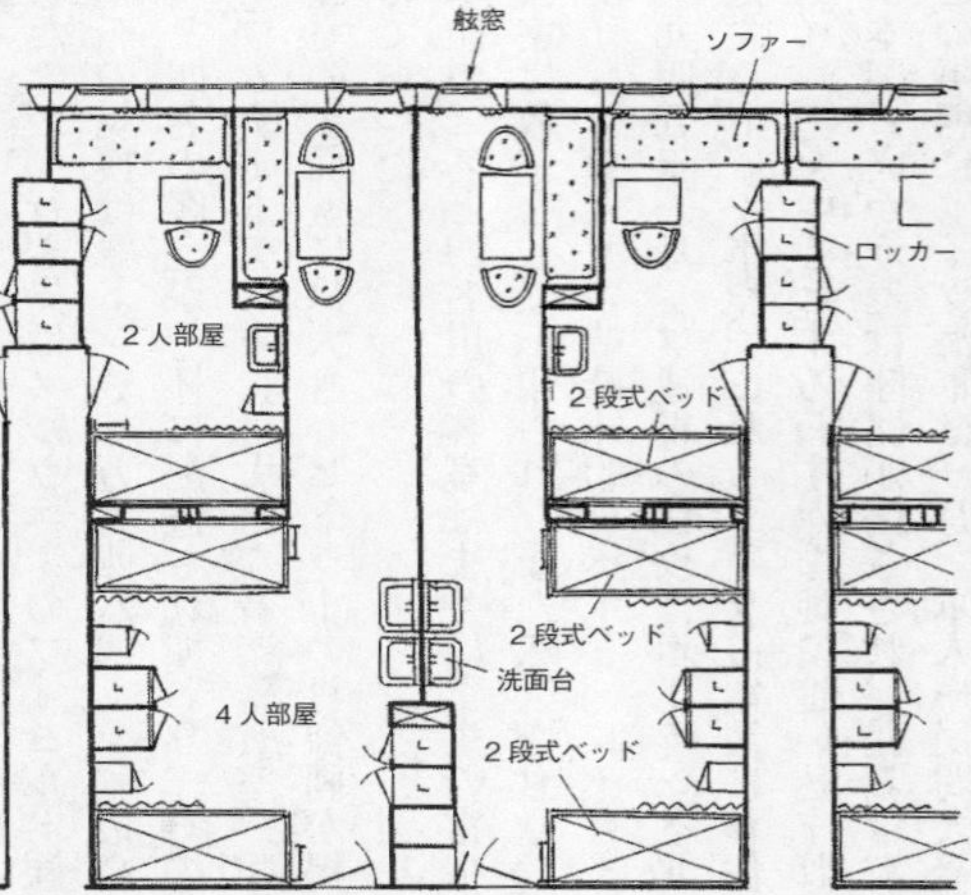

ナチス・ドイツが設立されると、国家はナチス党に入党した工場労働者や農民、さらには各職業の民間人に対し、一定の業績を上げた者にはその家族を含め、褒賞として長期休暇とそれに付帯するクルーズを与える、という制度を打ち立てたのだ。このクルーズ行事は特別に組織された「歓喜力行（KDF）」団体により実行された。そして同時に政府は専用の大型クルーズ客船二隻を建造したのだ。その一隻がヴィルヘルム・グストロフであった。

本船は大戦勃発一年前の一九三八年

（昭和十三年）三月に完成すると、翌四月から早速、対象者とその家族のクルーズ航海を開始したのだ。行き先はノルウェーのフィヨルド観光、地中海クルーズなどであった。

本船の規模は総トン数二万五四八四トン、最高速力一五ノットで、船内には規格化された二名と四名の客室が一杯に配置されており、その収容人員は一五〇〇名であった。また船内のプロムナードデッキには大きな音楽鑑賞室、喫煙室、ラウンジなどが配置されていたが、喫煙室の正面壁には大きなヒトラーの肖像画が掲げられているのが、本船の本来の姿を示すものであった。

本船の二名と四名用の客室はまさに学生の寄宿舎としてはうってつけの構造であり、豪華な公室は教室として転用され、また広大な食堂はそのまま学生用食堂として活用できた。本船よりもやや大型の準姉妹船ロベルト・レイもまったく同じ構造であった。

一九四五年一月、ソ連軍の猛攻はポーランド北東部の東プロイセンに迫り、東部戦線から敗走するドイツ軍や、これらドイツ占領地に移住していたドイツ民間人など約二〇〇万人が、グディニアを中心とするわずかな地に追い込まれ、ソ連軍に包囲され始めていた。彼らがドイツ本国に向かう道は陸路が閉ざされ、残るは海路のみとなっていた。

この事態にドイツ海軍は一月、軍人や民間人避難民を海路救出するための大々的な救出作戦「ハンニバル作戦」を発動した。

この作戦にはドイツ諸港に停泊している航行可能なすべての船舶と、大小すべての艦艇が出動することになったのである。そして寄宿船として使われていた二隻の特殊客船も四年間の休止状態から避難民輸送船として出動することになったのだ。

「ハンニバル作戦」はドイツが降伏するその日まで継続され、結果的に約二五〇万人の避難民や軍人がドイツ本国に生還することができたのである。しかしその過程で約三万三〇〇〇名の犠牲者が生じたのだ。彼らのすべては輸送途中の艦船の沈没で生じたものであったが、その中の約三〇パーセントが、ヴィルヘルム・グストロフ一隻の遭難で発生したものであった。

グディニア港に停泊するグストロフ号

一月三十日午後、グストロフ号は乗組員一七三名、潜水艦学校学生九一八名、海軍補助員（看護婦など）三七三名、傷病兵一六二名、避難民四四二四名の合計六〇五〇名を乗せ、グディニア港の岸壁を離れた。しかし船が港内を微速で進み防波堤の出口に向かおうとしたとき、グストロフ号は避難民を満載した無数の小舟に囲まれて進むことができなくなったのだ。

避難民はこのときまでに、ソ連軍がドイツ人とみると見さかいなく残虐な行為を重ねて進撃して来たことは知っており、ソ連軍に包囲されたこの地から一刻でも早く脱出したかったのである。避難民を乗せた無数の小舟に囲まれたグストロフ号は船長の命令でその場に停船、舷梯を降ろし可能な限り彼らを船上に収容したのだ。そしてその限界に達したとき船は出港することになった。

じつは船が岸壁を離れたときの乗船者数は船の事務長により正確に数えられていたが、その後乗船した避難民については混乱の中であったために、どれほどの人々が乗船したのかはまったく不明であったのだ。しかし船内の状況や空になった小舟の数から新たに乗船した避難民の数は四〇〇〇名前後と考えられていた。つまりヴィルヘルム・グストロフがグディニア港を後にしたときには、低く見積もっても一万名以上の乗船者があったと推測されたのである。

船はポーランドの北岸に沿って西進した。この日のバルト海は荒天で波高もあり大型船とはいえかなり揺れていた。同じころ避難民を乗せた数隻の海軍哨戒艇も航行していたが、荒天のために難航していた。

このとき、この海域にはソ連の潜水艦（S13）が哨戒行動中であった。潜水艦はドイツの避難民輸送の艦船襲撃が目的であった。

一月三十一日夜、グストロフ号がポーランドのポンメルン沖を航行中、ソ連潜水艦（S13）は同号を発見したのだ。潜水艦は射程に入ると直ちに魚雷四本を発射した。そしてその中の三本がグストロフ号の左舷にたて続けに命中し爆発した。

グストロフ号は魚雷命中後たちまち左舷に傾斜を始め、約一時間後に転覆したのであった。海上は波高が高く、しかも真冬のバルト海の海水温度は零度に近かった。ほとんどの救命艇は降下不能となり船内は大混乱となったのである。海に飛び込んでも待ち受けるものは凍死であった。

グストロフ号の発した救助要請信号に対し、荒天で難航を続けていた数隻の魚雷艇や哨戒艇が遭難海域に近づき、生存している遭難者を救助した。しかしその合計は一二一六名を数えるのみであった。

本船の遭難は推定される犠牲者のあまりの多さから、たちまちスウェーデンやイギリスの新聞紙上に記事として掲載された。そこにはいずれも犠牲者数六〇〇〇名以上と書かれていたのだ。ヴィルヘルム・グストロフの沈没による犠牲者の数、さらにはこのとき同船にはどれほどの人々が乗船していたのかは、長い間不明のままであった。

しかしこのとき同船の乗組員として乗船し救助された一人、ハインツ・シェーン氏が、戦後、まさに執念の思いでこの二つの謎の解明を続けていたのであった。そして彼にとって最後の課題となっていた、東ドイツ住民の当時の乗船者について、東西ドイツ併合により実態を解明することができたのであった。

その結果、このときグストロフ号に乗船していた乗船者は合計一万七五五名、その中の八九五六名が避難民であり、沈没による犠牲者の数は九三四三名（大半が避難民でそのうち多くが子供であった）と算出したのであった。この数字は戦時、平時を問わず近世以降、世界最悪の船舶遭難犠牲者の数である。

なおこの避難民輸送では他に六六六六名の犠牲者を出した貨物船ゴヤ（六〇〇〇総トン）の被雷沈没、四五〇〇名の犠牲者を出した大型客船シュトイベン（一万七〇〇〇総トン）の被雷沈没の悲劇が存在する。

全艦溶鉱炉と化し沈没する

――伊海軍軽巡洋艦バルビアーノとギュッサーノの最期

イタリアとフランスは中世以前から地中海の覇権をめぐり、たがいにライバル関係にあった。当初の軍艦はいわゆるガレー船の「軍船」であったが、船の動力に蒸気機関が採用されだした頃から、互いの海軍はより高性能の、言い換えればより高速の軍艦を建造することに邁進することになった。その速力競争は二〇世紀に入る頃からとくに顕著となり、駆逐艦と巡洋艦の速力を相手よりも一ノットでも早くすることに最大の努力を傾けていた。そしてこの戦いは第二次大戦勃発直前の一九三五年まで続き、最終的にはフランスのル・テリブル級駆逐艦が驚異の四五ノット（時速八三キロ）を出し、この速力競争に決着がつくことになった。

この間、イタリア海軍も黙っていたわけではなく、「駆逐艦狩り」を行なう巡洋艦の高速化に腐心していた。そして一九三一年二月にアルベルト・ディ・ギュッサーノ級軽巡洋艦を建造した。本級艦は四隻建造され、いずれも最高速力三九ノット以上を記録したが、なかでも三番艦のバルトロメオ・コレオーニは四〇・一ノット（時速七四キロ）を記録し、この時点でフランスの駆逐艦や巡洋艦との速力競争に勝利したのであった。

しかしこの艦艇の速力競争も、むやみに速力を上げても航空機が急速に発展を遂げているこの時代、船のこの程度の速力は航空機から見れば遅すぎるのである。艦艇を攻撃する航空機から見れば船の高速力などはたかが知れたものであった。艦艇の速力競争もこの時点で終止符が打たれるのは当然のことであった。

しかし艦艇同士だけの戦闘であれば、速力の早いことは戦闘を有利に展開できる武器にはなるのである。イタリア海軍はギュッサーノ級高速軽巡洋艦を一九三二年から一九三七年にかけて四隻建造した。

その後第二次大戦が勃発したが、両海軍の高速艦艇同士が戦闘を交えることは皮肉にも、ついに一度も起きることはなかった。

第二次大戦でイタリアは途中から有利に展開するドイツ側について参戦はしたが、装備面では強力に見えるイタリア艦隊とイギリス地中海艦隊が対等に戦闘を交える機会は多くは訪れなかった。互いに海戦の機会はあっても、なぜかイタリア艦隊側がつねに劣勢の立場となり、多くの損害を出していた。

地中海の対岸のリビアは本来はイタリアの支配下にある地域であり、ドイツ軍との共同戦線の下にイギリス軍と対峙していた。この状況の中で、本来イタリアが中心となって展開しなければならないことは、イタリア本土とリビアの地を結ぶ物資輸送路の維持確保であった。

アルベルト・ディ・ギュッサーノ

したがってこの任務は強力とされるイタリア海軍の主導の下に遂行しなければならなかったのだ。

しかし事はうまく運ばなかった。イタリアとリビアの地を隔てる地中海の中間にイギリス軍が死守するマルタ島があった。この島を拠点基地とするイギリス空軍戦力は、この補給路を航行するイタリアの輸送船や護衛艦艇の脅威であり、ときに多くの損害を出していた。またイタリア海軍にとっての脅威はマルタ島の空軍戦力ばかりでなく、エジプトのアレキサンドリアに拠点を持つイギリス地中海艦隊もその一つであった。

イギリス地中海艦隊の活動やマルタ島のイギリス空軍機の攻撃により、イタリアからリビアへの海上物資輸送はつねに危険にさらされ、十分な補給は不可能になっていた。当然ながらリビア戦線のドイツ・イタリア地上軍は、とくに機甲師団の場合、戦力は十分でありながら燃料の枯渇につねに悩まされ、戦闘車両の燃料不足は計画的なエジプト侵攻作戦に多大な影響を与えることになった。

この燃料と食糧の不足はしだいに深刻となり、是が非でも大量の燃料と糧秣の輸送を強行せざるを得ない事態に至ったのだ。このときから約一年後に展開された日本軍のガダルカナル補給作戦と類似した状況となっていたのである。

一九四一年（昭和十六年）十二月初め、イタリア海軍の高速軽巡洋艦ルイジ・カルドナ（基準排水量五四〇〇トン、最高速力三七ノット）に合計九〇〇トンのドラム缶入りガソリンと糧秣を搭載し、夜陰に紛れてイタリアのタラント軍港を出港しリビアのベンガジに向かった。同艦は全行程を最高速力で突っ走り、無事にベンガジに到着し積荷の揚陸に成功した。イタリア海軍はこれに味をしめ、第二陣の緊急輸送隊を編成し送り出すことにしたのだ。この第二陣の輸送にも高速軽巡洋艦を使うことにした。選ばれた軽巡洋艦は超高速軽巡洋艦であるアルベルト・ディ・ギュッサーノと姉妹艦のアルベリコ・ダ・バルビアーノであった。両艦はいずれも一九三一年竣工の艦で、基準排水量五一一〇トン、最高速力三九〜四〇ノット、一五センチ連装砲塔四基、一〇センチ連装高角砲三基、五三センチ連装魚雷発射管二基を装備する傑作艦であった。

両艦の甲板上の空所という空所には三〇〇トンのガソリンドラム缶や糧秣、弾薬類が搭載された。二隻は一九四一年十二月九日にシチリア島のパレルモを密かに出港しベンガジに向かった。対岸ベンガジまでは途中メッシナ海峡を通り全行程約一〇〇〇キロで、三〇ノットで航行すれば丸一日の行程であった。しかしその大半はマルタ島のイギリス空軍機（爆撃機、雷撃機）の活動範囲内にあり、途中敵哨戒機との接触が起きないことを祈るしかなかった。

二隻はメッシナ海峡を通過しベンガジまでの中間地点に達したとき、予想どおりマルタ島

アルベリコ・ダ・バルビアーノ

を発進した哨戒機に発見された。目的地まではまだ五〇〇キロ以上もあり、イギリス機の来襲は十分に予想された。ここで二隻は安全を期して基地へ戻ることにした。

三日後の十二月十二日、二隻は再びベンガジをめざした。このとき偶然にもイギリスのジブラルタル艦隊の四隻の駆逐艦が、ジブラルタル基地を出港しアレキサンドリアへ向かっていた。この四隻は地中海艦隊の補強のために派遣される駆逐艦であったのだ。そしてこの四隻の駆逐艦には、すでにイタリア海軍の軽巡洋艦二隻がベンガジに向けて南下中、という警戒情報が入っていたのだ。この四隻の駆逐艦はいずれも部族級の大型駆逐艦であった。四隻の駆逐艦は東進を続けていた。

一方、ベンガジに向かっていたイタリア巡洋艦は再びイギリス空軍機により発見されていた。二隻のイタリア巡洋艦は再びパレルモへ向けて戻り始めた。このために二隻の巡洋艦と四隻の駆逐艦は夜間であるが、マルタ島の東方約四五〇キロの地点で偶然にも鉢合わせすることになった。

まったく偶然の出来事であった。最初に相手を発見したのはイギリス駆逐艦側であった。このとき駆逐艦と巡洋艦は三〇〇〇メートルほどしか距離がなかった。しかし至近距離ではあったが駆逐艦側は発砲をひかえたのだ。それは発砲の閃光により、みずからの位置を敵に知らせないためであった。

まず先頭を進む駆逐艦シークが敵巡洋艦に向けて二本の魚雷を発射した。二本の魚雷は狙い違わず見事に先頭を進むアルベリコ・ダ・バルビアーノの艦中央部に命中し爆発した。続いて発射した二番艦マオリの二本の魚雷の一本がまたもやバルビアーノに命中し爆発した。

三本の魚雷の爆発でバルビアーノの甲板上に大量に積み込まれていたガソリンドラム缶のすべてが一気に爆発し、同艦は全艦が炎の中に消えてしまったのだ。これを見た二番艦ギュッサーノは直ちにイギリス駆逐艦に対し一五センチ主砲の射撃を開始した。しかし暗夜のために照準が定まらず、駆逐艦への命中弾は皆無であった。

駆逐艦側は四隻合計二〇門以上の一二・七センチ砲の集中射撃を開始した。その多数の命中弾によりギュッサーノの甲板上に搭載されていた大量のドラム缶の爆発が続くことになったのだ。しかもこの間に駆逐艦が放った魚雷の一本がギュッサーノの船体中央部に命中し爆発、ギュッサーノの甲板上の火災は一層激しさを増したのだ。

その姿はあたかも巨大な海上の溶鉱炉といった状況を呈することになった。イタリア巡洋艦二隻は間もなく転覆し沈没した。

この戦闘は相応の艦艇がすれ違う間に展開したことになり、砲撃と雷撃戦の所要時間は一〇分間にも満たなかったのだ。世界最短時間で展開された劇的な海戦で、その結果発生した損害はイタリア側のみであった。二隻の巡洋艦の被雷と着弾、その後の大火災による二隻の巡洋艦乗組員の犠牲者数は一〇四〇名に達し、その後イタリア海軍の魚雷艇により救助された二隻の乗組員生存者の数は一〇〇名にも満たなかった。

イタリア海軍最強の戦艦が一撃で爆沈

――世界初の無線誘導爆弾で轟沈した戦艦ローマ

敵の軍艦や構造物などに爆弾を必中で投下させる方法については、各国軍隊で研究が進められていた。第二次大戦中にそれを実現させた国が二ヵ国あった。一つは日本であり今一つはドイツであった。しかしその必中のシステムの理論・理念はまったく異なっていた。日本が実現した必中兵器は人間が操縦する爆弾、つまりは「人間爆弾」であり、実用化されたのが海軍の特殊攻撃兵器桜花であった。一方のドイツが実現させたのは科学的理論に基づいた無線誘導爆弾であった。

ドイツは自由落下による爆弾の着弾効率の低さを改善するために、急降下爆撃法の研究を進めていた。急降下爆撃法はすでに艦上爆撃機では実現されていたが、陸上爆撃機では未開の分野であった。しかしドイツ空軍はこれを実現させ、専用の爆撃機を開発し第二次大戦の勃発と同時に実戦で展開させ、多大なる恐怖心を抱かせることにも成功したのだ。

そしてその一方で水平爆撃によって投下する爆弾でも必中の命中精度が得られるとする、

第18図　無線誘導爆弾フリッツX

全　　長：3.26メートル
全　　幅：1.4メートル
弾体直径：0.6メートル
重　　量：1.57トン
弾着時時速：900キロ以上

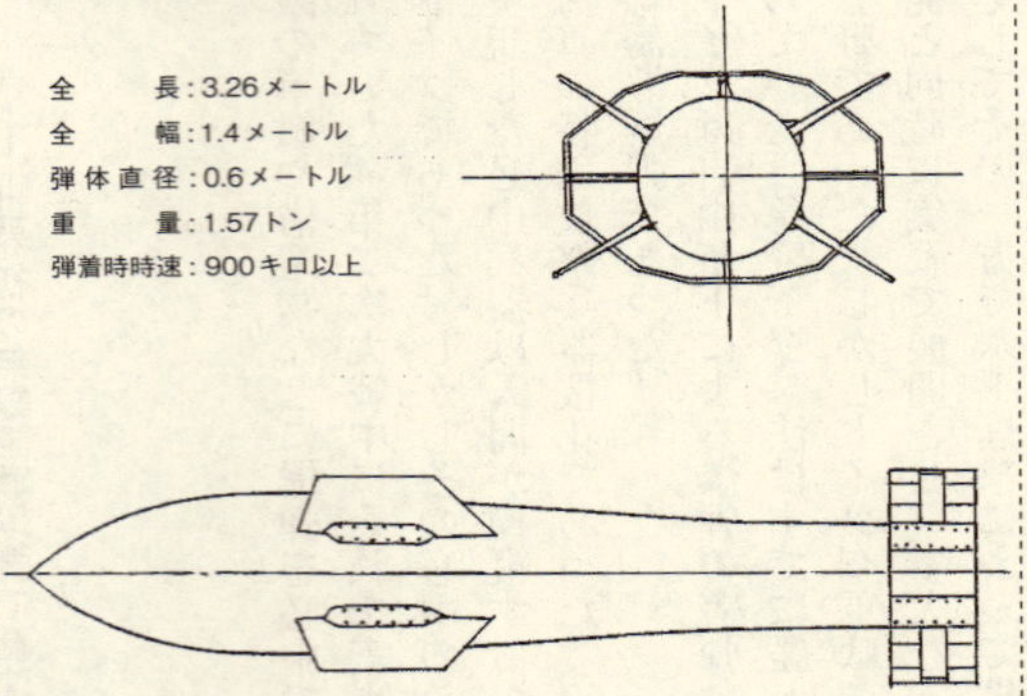

爆弾を無線誘導する手法の研究に入っていた。そして一九四三年初めには「フリッツX」という無線誘導爆弾を実用化させたのであった。そしてこれを実際にビスケー湾などでイギリス艦艇や商船の攻撃で試用したのだ。

この無線誘導爆弾は爆撃機の爆撃手の熟練度が命中率に直接影響するもので、ドイツ空軍も専用の爆撃機を準備し、専用の爆撃戦隊を編成して錬度を高めていた。

無線誘導爆弾フリッツXは有翼爆弾で、全長三・二六メートル、主翼全幅一・四メートル、弾体直径〇・六メートルで、主翼（フィン）はX型をしており、尾端の操舵翼の舵を母機の爆撃手が操縦することにより針路が定められる。爆撃手は弾体の尾端に取り付けられた閃光発生装置の光を視認しながら弾体を目標に向かわせるように操縦するのである。また弾体の尾端にはロケット噴射装置が装備され、母機から投下されると短時間噴射されて速力を増し、その後は自由落下を始める。そして自由落下に移った弾体が操縦されるのである。爆弾の投下高度は六〇〇

ドルニエDo217

〇～六五〇〇メートルとされた。なお弾頭には五〇〇キロの炸薬が充填され、フリッツXの総重量は一・五七トンであった。

フリッツX搭載の母機には専用機として改造されたドルニエDo217爆撃機が使われた。そしてフリッツX搭載の爆撃機で編成された二個爆撃隊が編成され、訓練を展開するとともに実戦配備につくことになった。一九四三年八月、二つの爆撃飛行隊は南フランスのマルセイユ周辺に配置された。

一九四三年（昭和十七年）九月八日、イタリアが降伏する直前、イタリア軍令部はイタリア海軍最高司令官に対し、イタリア海軍の全艦艇をマルタ島などのイギリス海軍基地に向けて急ぎ出港させ、降伏することを命じたのである。残存するイタリア海軍の主力艦艇がドイツ海軍の手に落ちることを防ぐためであった。

当時のイタリア海軍の基地はイタリア半島西部の付け根近くのラ・スペチアにあった。一方のドイツ海軍は地中海には海軍戦力を保持していなかった。ドイツはイタリア海軍のただならぬ気配をすでに察知しており、イタリア艦隊が脱出する防止策を採ることにしたのであった。それがフリッツXを装備した二個爆撃隊のフランスのマルセイユ周辺基地からの出撃であった。

九月九日未明、ラ・スペチア軍港から戦艦三隻、軽巡洋艦一隻、駆逐艦八隻の残存艦艇がイギリス領マルタ島に向けて密かに出港した。その後ジェノア港からも軽巡洋艦三隻、水雷艇一隻が脱出を図っていた。

イタリア艦隊脱出の報は直ちにマルセイユ近郊基地に展開する特別爆撃隊に送られた。そして爆撃隊は直ちに出撃準備に入ったのである。

艦隊がサルディニア島の西岸沖を南下していた九日午後一時四十分頃、フリッツXを搭載した九機の第一陣の爆撃機編隊が艦隊上空に現われた。一番機のパイロットはこの特殊爆弾爆撃隊の育ての親であり、指揮官ベルンハルト・ヨーペ少佐であった。

編隊が艦隊から一〇〇〇メートル北の位置に達したとき、一番機からフリッツXが投下された。爆弾は先頭を行く戦艦ローマの後部マストの右舷甲板に命中し、装甲甲板を貫通し艦底に達し爆発した。この爆発でローマの右舷主機関が破壊され、速力は急速に低下した。一番機の投下三分後に二番機の誘導爆弾が投下された。この爆弾は戦艦ローマの艦首第二砲塔と艦橋の間の右舷側に命中した。爆弾は装甲甲板を貫通し右舷ボイラー室と前部弾火薬庫の中間で爆発した模様であった。この爆発は戦艦ローマにとっては致命傷となった。

命中の直後、弾火薬庫は大爆発を起こし四万トンを超える戦艦ローマの船体は、その瞬間二つに折れ、瞬く間にその姿は波間に没したのであった。一瞬の出来事であった。

（上）ローマ、（下）フリッツXの攻撃をうけたローマ

戦艦ローマは二隻の姉妹艦（リットリオ、後にイタリアと改名。ヴィットリオ・ベネト）とともに、イタリア海軍最大の戦艦として前年の一九四二年に完成したばかりであった。基準排水量四万一三七七トン、三八センチ三連装砲塔三基を搭載する最高速力三〇ノットの本艦は、ドイツ海軍の最強戦艦ビスマルクやティルピッツと同規模の戦艦であった。しかしすでに大艦巨砲が存続する時代は急速に衰えており、本艦も大敵の航空攻撃の一撃で消えてしまったのである。

本艦の爆沈による犠牲者の数は、全乗組員一八七二名中じつに一四〇〇名を超えているとされている。

このとき戦艦ローマに続いて航行していた戦艦イタリアの艦首甲板にもフリッツXは命中した。爆弾は甲板を貫通し艦底近くで爆発したが艦首が大きく破壊されただけで、艦の心臓部への命中ではなかったために、そのまま航行を続けることになった。

フリッツXを搭載するヨーペ爆撃隊はその後も連合軍艦船の攻撃を続け、イギリス戦艦ウォースパイトやアメリカ巡洋艦サヴァンナに大損害を与える戦果を挙げている。

なお日本でも誘導爆弾は陸軍航空隊で開発が進められ、実用化試験も開始されていた。しかし昭和二十年二月に伊豆半島の伊東沖での実験中に、母機の四式重爆撃機飛龍から投下された爆弾が、爆撃手の操縦ミスから熱海海岸にある有名旅館「玉乃井」に突入させ、旅館を炎上させ、従業員を殺傷するという前代未聞の事故を起こしている。ただこの誘導爆弾は終戦までに実用化されることはなかった。

あとがき

第二次大戦中、各国海軍艦艇の戦闘中には思わぬ悲劇、あるいは必然の悲劇が生まれた。太平洋戦争の劈頭のボルネオ島のタラカンで起きた日本海軍の二隻の掃海艇の撃沈事件は、これまでほとんど知られていなかった出来事である。小型とはいえ正規の艦艇がいとも簡単にしかも二隻同時に撃沈されたことは、日本海軍にとっては想定外の驚天動地の出来事であったのである。

この事件はまったくの不意打ちでの出来事で、両艦の戦死した多数の乗組員にとっても、まったく理解できなかった出来事であり想定外の悲劇であった。

ダンピール海峡の悲劇は完全に作戦遂行側の落ち度で発生した悲劇であった。日本陸海軍共同で決行されたこの強行輸送作戦は陸軍主導で行なわれたが、陸軍側の状況判断の欠如の結果は全輸送船と多くの護衛艦艇の喪失、そして一個旅団相当の将兵や物資の喪失という、まさに悲劇を生んだのである。この直接の原因は敵の巧妙な航空攻撃の結果であった。正確な敵情把握に基づく作戦は兵法の鉄則であるが、単なる激情の中での作戦の遂行は大きな悲劇の要因になるのである。

レイテ島攻防戦において日本陸軍が決行した同島への逆上陸作戦「多号作戦」には、ガダルカナル島逆上陸作戦失敗の反省が見られなかった。基本的には同じ戦法の繰り返しが艦船の悲劇的な損失の原因につながったのであった。

イギリス戦艦プリンス・オブ・ウエールズと戦艦レパルスの同時喪失は、イギリス海軍の日本海軍航空隊への見下した偏見が根底にあったとみることができるであろう。日本の航空機による雷撃などまだ未熟という偏見は、二隻の戦艦の喪失という悲劇を生んだのである。

ドイツ重巡洋艦ブルッヒャーの多数の乗組員を一気に失うという爆沈悲劇は、ドイツ海軍にとってはまさに驚天動地の出来事であったに違いない。また同艦を撃沈した魚雷が生産後何十年も経た古色蒼然とした、前時代の魚雷とあっては悲劇はむしろブラックユーモアに変じてしまうのである。

イタリア海軍はアフリカ戦線への物資補給に多大な苦労を強いられた。その原因はマルタ島に駐留する頑強なイギリス空軍と、アレキサンドリアを拠点とするイギリス地中海艦隊の戦力であった。この両者の攻撃によりイタリア海軍艦艇は多くの悲劇を生んだ。その原因が作戦自体にあったのか、あるいはイタリアの国民性にあったのか、興味の注がれるところである。

二隻の英海軍駆逐艦の突入で展開されたトブルクの奇襲攻撃は、イギリス的な戦法ではあったが、何かが欠けていた印象を受ける。それが事前の調査不足と思いつき作戦であったとしたら、多数の犠牲者はまさに悲劇の人生を歩かされたことになるのである。

ドイツ特設輸送船となった大型客船ヴィルヘルム・グストロフの悲劇は、戦時下で受けた艦船の悲劇としては群を抜いた記録的な悲劇である。艦艇の攻撃は時として無数の民間人の犠牲も強いるという、想像外の悲劇を招くことになるのである。

第二次大戦の中には艦艇に関わる数多の悲劇がある。いずれ機会を見て再度ご紹介してみたい。

NF文庫書き下ろし作品

NF文庫

WWⅡ 悲劇の艦艇

二〇一七年一月十五日 印刷
二〇一七年一月二十一日 発行

著 者 大内建二
発行者 高城直一
発行所 株式会社 潮書房光人社
〒102-0073 東京都千代田区九段北一-九-十一
振替／〇〇一七〇-六-五四六九三
電話／〇三-三二六五-一八六四㈹
印刷所 モリモト印刷株式会社
製本所 東 京 美 術 紙 工
定価はカバーに表示してあります
乱丁・落丁のものはお取りかえ致します。本文は中性紙を使用

ISBN978-4-7698-2985-0 C0195
http://www.kojinsha.co.jp

NF文庫

刊行のことば

第二次世界大戦の戦火が熄《や》んで五〇年——その間、小社は夥しい数の戦争の記録を渉猟し、発掘し、常に公正なる立場を貫いて書誌とし、大方の絶讃を博して今日に及ぶが、その源は、散華された世代への熱き思い入れであり、同時に、その記録を誌して平和の礎とし、後世に伝えんとするにある。

小社の出版物は、戦記、伝記、文学、エッセイ、写真集、その他、すでに一、〇〇〇点を越え、加えて戦後五〇年になんなんとするを契機として、「光人社NF（ノンフィクション）文庫」を創刊して、読者諸賢の熱烈要望におこたえする次第である。人生のバイブルとして、心弱きときの活性の糧《かて》として、散華の世代からの感動の肉声に、あなたもぜひ、耳を傾けて下さい。

＊潮書房光人社が贈る勇気と感動を伝える人生のバイブル＊

NF文庫

大空のサムライ 正・続

坂井三郎

出撃すること二百余回——みごと己れ自身に勝ち抜いた日本のエース・坂井が描き上げた零戦と空戦に青春を賭けた強者の記録。

紫電改の六機 若き撃墜王と列機の生涯

碇　義朗

本土防空の尖兵となって散った若者たちを描いたベストセラー。新鋭機を駆って戦い抜いた三四三空の六人の空の男たちの物語。

連合艦隊の栄光 太平洋海戦史

伊藤正徳

第一級ジャーナリストが晩年八年間の歳月を費やし、残り火の全てを燃焼させて執筆した白眉の〝伊藤戦史〟の掉尾を飾る感動作。

ガダルカナル戦記 全三巻

亀井　宏

太平洋戦争の縮図——ガダルカナル。硬直化した日本軍の風土とその中で死んでいった名もなき兵士たちの声を綴る力作四千枚。

『雪風ハ沈マズ』 強運駆逐艦 栄光の生涯

豊田　穣

直木賞作家が描く迫真の海戦記！　艦長と乗員が織りなす絶対の信頼と苦難に耐え抜いて勝ち続けた不沈艦の奇蹟の戦いを綴る。

沖縄 日米最後の戦闘

米国陸軍省　編
外間正四郎　訳

悲劇の戦場、90日間の戦いのすべて——米国陸軍省が内外の資料を網羅して築きあげた沖縄戦史の決定版。図版・写真多数収載。